珍稀濒危植物
黄梅秤锤树
研究与保护

付 俊　王书珍　张家亮　主编

化学工业出版社

·北京·

内容简介

　　本书在概述黄梅秤锤树的发现、价值、濒危现状及分类地位的基础上，系统阐述了其种群与近缘种的群落结构特征以及群落区系分布与特征，并对黄梅秤锤树保育遗传学与繁殖生物学研究成果与栽培管理经验进行了详细介绍。另外，本书还对黄梅秤锤树的迁地保护、就地保护以及种群的回归重建给出了科学的设计及管理思路，以期推动黄梅秤锤树保护与研究工作的深入开展，努力增加黄梅秤锤树种群数量，提高公众对珍稀濒危植物的保护意识，从而推进生物多样性的保护和可持续发展工作。

　　本书适合从事珍稀濒危植物保护以及植物多样性保护相关研究的科研院所、自然保护区等单位以及农林院校相关专业师生参考。

图书在版编目（CIP）数据

珍稀濒危植物黄梅秤锤树研究与保护 / 付俊，王书珍，张家亮主编. -- 北京 ： 化学工业出版社，2025. 7.
ISBN 978-7-122-48262-4

　　Ⅰ. Q949.775.5

中国国家版本馆CIP数据核字第20255E1F31号

责任编辑：孙高洁　刘　军　甘九林
文字编辑：李　雪
责任校对：张茜越
装帧设计：关　飞　王晓宇

出版发行：化学工业出版社
　　　　　（北京市东城区青年湖南街 13 号　邮政编码 100011）
印　　装：涿州市般润文化传播有限公司
710mm×1000mm　1/16　印张 10½　字数 168 千字
2025 年 7 月北京第 1 版第 1 次印刷

购书咨询：010-64518888　　　　　　售后服务：010-64518899
网　　址：http://www.cip.com.cn
凡购买本书，如有缺损质量问题，本社销售中心负责调换。

定　　价：128.00元　　　　　　　　　版权所有　违者必究

本书编委会

本书编写人员名单

主　　编：付　俊　王书珍　张家亮

副主编：方元平　何　峰　向　福
　　　　肖云丽

编写人员：（按姓名汉语拼音排序）
　　　　陈红忆　陈振中　董洪进
　　　　方元平　付　俊　何　峰
　　　　李志良　沈　蜜　王书珍
　　　　向　福　肖云丽　余姣君
　　　　张家亮　张　丽

黄梅秤锤树，学名 *Sinojackia huangmeiensis*（J. W. Ge & X. H. Yao），为安息香科秤锤树属，是我国 120 种极小种群野生植物之一，也是秤锤树属最后一个被发现和记录的物种。它的发现，不仅丰富了我国植物资源的多样性，更为安息香科系统发育的研究提供了宝贵的材料。黄梅秤锤树以其极高的观赏价值而著称，其小花雪白无瑕，果实形似秤锤，形态独特，美不胜收，是优良的观花观果树木。

然而，黄梅秤锤树的分布范围极其狭窄，目前仅发现于湖北省黄梅县下新镇钱林村。这一狭小的栖息地，使得黄梅秤锤树面临着极高的灭绝风险。发现之初，其生态环境破坏严重，生境孤立，难以与外界进行基因交流，种群更新动态和维持机制均受到严重威胁。庆幸的是，在上级主管部门的大力支持下，通过修建门楼，设置防护围栏，建设黄梅秤锤树保护示范园，并聘请专业人员加强看护等措施，减少了人为干扰。同时，每年定期开展白蚁防治，抑制林区白蚁的繁衍，增设宣传警示标志，并安装视频监控，进一步加强了对原生群落的保护，促进了黄梅秤锤树种群的恢复壮大。近年来，在湖北龙感湖国家级自然保护区管理局的重视下，保护区联合中国科学院武汉植物研究所、武汉大学、中国地质大学（武汉）和黄冈师范学院等科研院所对黄梅秤锤树的复壮、保护、扩种等进行了一系列保护性研究。因此，对黄梅秤锤树的研究与保护，不仅是对这一珍稀物种的拯救，更是对自然界生物多样性的尊重与守护。

本书旨在全面而深入地探讨黄梅秤锤树的生物学特性、生态学行为、遗传多样性以及保护策略等方面的问题。通过实地调查、实验研究、数据分析等多种手段，力图揭示黄梅秤锤树的生命奥秘，为其保护与利用提供科学依据。同时，也希望通过本书的出版，能够唤起社会各界对黄梅秤锤树及其他极小种群野生植物的关注与重视，共同推动生物多样性保护工作的深入开展。

在探索黄梅秤锤树的过程中，我们深刻感受到了自然界的神奇与伟大。黄梅秤锤树的故事，只是自然界众多生命奇迹中的一个缩影，愿我们都能成为保护生物多样性的使者，携手努力，为保护生物多样性贡献自己的力量。

编者
2025 年 3 月

目录 — Contents

第一章

黄梅秤锤树的发现与濒危现状

湖北龙感湖国家级自然保护区内分布着春华秋实、果实形似秤锤的黄梅秤锤树，与罗田玉兰和大别山五针松一起被誉为大别山三大极小种群，为国家二级重点保护野生植物，观赏价值极高。近几年，龙感湖国家级自然保护区实施了黄梅秤锤树抢救性保护措施，国内多个课题组深入开展了濒危机制和繁殖生物学研究，取得了较好的成效，为安息香科物种的繁殖生物学和系统进化研究奠定了基础。

第一节
黄梅秤锤树的发现与价值

一、黄梅秤锤树的分布地区

1. 分布区域

北枕巍巍大别山，南襟万里长江水。"鄂东明珠"黄梅县就坐落在这块钟灵毓秀、物阜民丰的山水宝地之中。黄梅县因域内有黄梅山、黄梅水而得名，距今已有1400多年的历史。黄梅秤锤树分布区极其狭窄，野生种群仅分布在黄梅县龙感湖国家级自然保护区内，位于下新镇钱林村紧邻大源湖边 2hm² 的落叶阔叶林（图 1-1）。

图 1-1　龙感湖国家级自然保护区黄梅秤锤树生长的落叶阔叶林

湖北龙感湖国家级自然保护区原是一片荒湖沼泽，是湖北有名的"水袋子"之一，人烟稀少。2009年9月，国务院批准龙感湖自然保护区升格为国家级自然保护区（国办发〔2009〕54号）。保护区总面积22322.0hm²，其中核心区占保护区总面积的36.4%，缓冲区占32.7%，实验区占30.9%。保护区主要保护对象包括长江中游淡水湿地生态系统——龙感湖湿地，以及大源湖、小源湖、万牟湖、张湖等人工湿地。黄梅秤锤树野生种群所处的平原湖区是保存最为完好的原生阔叶林，林中古木参天、鸟类众多，一些藤蔓植物相互缠绕，构成了一道奇特的景观。孤立居群的黄梅秤锤树果实形似秤锤，花色绚丽，花期较长，为保护区增添了迷人的色彩。

2. 分布区地质地貌

中、晚更新世，长江中下游构造出现差异，断陷盆地规模活动较强，长江大地下陷，形成内陆水泊区域，经水流侵蚀和地质沉积作用，长江上游沉积物在黄梅县沉积，并构成自然冲积扇状沿江冲积平原。龙感湖在春秋战国时与江南的鄱阳湖连通一片，统称彭蠡泽（现今鄱阳湖），汉末三国时期以后彭蠡泽南移与江北大湖分离，时称此湖为雷池。第四纪以来，境内除东北部处于缓慢上升外，南部地域处在缓慢下降阶段，其中一部分成为水域。后来由于长期的泥沙沉积，长江主洪道南移，湖底抬高，滨湖、沿江平原日渐形成。山地、丘陵、平原、湖区呈梯次分布，形成了"北有名山古刹、中有秀水澄湖、南有平畴旷野"的自然生态画卷。优越的自然条件为野生动植物的生长繁育提供了良好的环境。

3. 分布区水文和水系

目前龙感湖湖水面积为7665hm²，整个湖区长29.5km，最大宽21.1km，最大水深4.58m，平均水深3.78m，蓄水量11.96×10⁸m³。湖水依赖地表径流和湖面降水补给，入湖大小河港达20余条，其中有来自北部的古角河、垅坪河、小溪河经县城入湖，有来自西部的考田河入太白湖经梅济闸入湖，并承接武穴市全部来水，再经积水沟出华阳闸入长江。目前来水面积为2500km²，常年汛期来水量2.3×10⁸m³，正常调蓄能力在4.54×10⁶m³。黄梅县龙感湖国家级自然保护区水位年内变化一般较小，年平均水位为15.08m；1～3月水位最低，平均水位为14.93m；7～8月最高，平均水位为16.00m。多年平均水位落差1.12m，最大年落差3.81m，月内水位差一般在1m以内。

4. 分布区气候

黄梅县属北亚热带大陆季风气候区，光照充足，雨量充沛，气候温和，四季分明。年平均温度为 16.8℃，严冬酷暑期短，1 月平均气温 3.9℃，7 月平均气温 29.1℃。年平均降水量 1310.9mm，降水 138.2 天，从降水年内分配看，主要集中在 4～8 月。黄梅县龙感湖国家级自然保护区年平均无霜期 267 天，年平均日照 2029h，日照时间随季节变化显著。年平均相对湿度为 78%，年平均蒸发量为 1553.1mm。

5. 分布区土壤

黄梅县龙感湖国家级自然保护区属长江冲积物形成的小平原，地势低而平坦，水文作用强，成土母质主要为湖相沉积物和长江冲积物。受河流冲积物的影响，江河冲积物中的胶体矿物及可溶性物质在此发生静水沉积，发育而成潮土。黄梅县龙感湖国家级自然保护区的土壤主要分为潮土和水稻土两大类。

6. 分布区植物资源

根据中国植被区划，黄梅县龙感湖国家级自然保护区位于亚热带常绿阔叶林区域，亚热带东部湿润常绿阔叶林亚区域，中亚热带常绿阔叶林地带，两湖平原栽培植被、水生植被区。保护区有维管束植物 183 种，分属 63 科 131 属，其中蕨类植物 5 科 5 属 6 种，裸子植物 2 科 4 属 6 种，被子植物 56 科 122 属 171 种。种数最多的科是禾本科，有 25 属 28 种，分别占保护区被子植物总属数和总种数的 20.5% 和 16.4%；其次为莎草科，有 9 属 18 种；超过 5 个属的科还有菊科、水鳖科和大戟科。保护区内国家二级重点保护野生植物有粗梗水蕨（*Ceratopteris chingii*）、莲（*Nelumbo nucifera*）、细果野菱（*Trapa incisa*）、黄梅秤锤树（*Sinojackia huangmeiensis*）、野大豆（*Glycine soja*）、樟（*Camphora officinarum*）等。

二、黄梅秤锤树的发现历史

2005 年，在湖北省古树名木普查中，普查人员在黄梅县下新镇钱林村发现野生的秤锤树，后经湖北省绿化委员会组织的湖北省古树名木普查技术组高级工程师田华、郭保香和华中农业大学树木分类学教授陈志远到实地进行调查后确认该种群是类似秤锤树（*Sinojackia xylocarpa*）的野生种，是湖北省新分布的木本植物（图1-2）。

图1-2 龙感湖国家级自然保护区最大的黄梅秤锤树

2007年，中国地质大学生态环境研究所所长葛继稳教授在龙感湖国家级自然保护区进行科学考察时发现，龙感湖国家级自然保护区的秤锤树与秤锤树属其他植物的果实形态差别很大，其喙部较秤锤树短，干裂后外表皮有较浅的棱。葛继稳教授和中国科学院武汉植物园的姚小洪博士经过研究分析后，认为该地区分布的秤锤树为一个新种，并将该新种命名为黄梅秤锤树（*Sinojackia huangmeiensis*），且在美国BioOne出版的*NOVON*期刊上联合发表论文*A new species of Sinojackia*（*Styracaceae*）*from Hubei，Central China*。自此，安息香科秤锤树属增加了一个新成员，黄梅县拥有了唯一一种以黄梅命名的野生植物。该种的发现对研究安息香科的系统发育、湖北植物区系及生物多样性方面具有重要意义，2007年其被发现时仅存200多株，其中树高超过3m的只有2株，开花结果的不足10株。

2022年2月，龙感湖国家级自然保护区管理局在日常巡护中新发现下新镇钱林村附近的李河村境内临湖区域有少量野生秤锤树分布，后经中国科学院武汉植物园专家鉴定为黄梅秤锤树的野生群落新的分布点。该分布点的存在打破了原野生群落的孤岛效应，拓展了黄梅秤锤树的保护空间。

三、黄梅秤锤树种群引起高度重视

1. 龙感湖国家级自然保护区的保护措施

2012 年，国家林业局（现为国家林业和草原局）出台的《全国极小种群野生植物拯救保护工程规划（2011—2015 年）》，将黄梅秤锤树列入首批需要重点保护的 120 种极小种群野生植物名录。

2017 年，湖北省政协副主席带队考察黄梅秤锤树种群，听取龙感湖国家级自然保护区的汇报后，对该濒危物种的就地保护和近地保护作出重要指示，同时提出了明确的黄梅秤锤树种群复壮任务。

2017 年，湖北省林业局副局长到黄梅秤锤树植物园视察，充分肯定了龙感湖国家级自然保护区对黄梅秤锤树的保护成果，并提出要继续做好黄梅秤锤树稀有树种的保护工作是一件任重道远、造福后代的大工程，以进一步维护龙感湖湿地的生态系统稳定性。

2020 年，湖北省林业局副局长在龙感湖国家级自然保护区主持召开了全省极小种群保护现场会，突出强调了黄梅秤锤树极小种群的重要性、珍稀野生种质资源保护的紧迫性以及黄梅秤锤树种群对龙感湖湿地生物多样性维护和生态系统稳定的重要性。

龙感湖国家级自然保护区管理局的成立，显著加强了对黄梅秤锤树的保护力度，通过近几年的精心管护，原生群落所处的林区环境不断优化，林分质量明显改善，天然小苗日益增多。根据生态环境部和中国科学院联合发布的《中国生物多样性红色名录——高等植物卷（2020）》，黄梅秤锤树被重新列为易危（VU）等级。

2021 年 9 月 7 日，国家林业和草原局、农业农村部发布公告，颁布了经国务院批准调整的《国家重点保护野生植物名录》（以下简称《名录》），黄梅秤锤树被列为国家二级保护野生植物。

2023 年，黄梅秤锤树被列入湖北省极小种群野生植物名录。黄冈市高度重视黄梅秤锤树等极小种群的保护工作，多次带领林业专家亲临黄梅秤锤树原生林和次生林进行现场查看和指导。黄梅县委县政府和龙感湖国家级自然保护区多次开展工作部署，就黄梅秤锤树的复壮、保护、扩种工作进行了安排。

2024年，湖北省林业局野保湿地处设立了50万林业生态文明资金，用于开展"黄梅秤锤树拯救保护"活动，资金主要用于病虫害防治、苗床苗圃改造、人工林管理抚育、野外回归、引进新树种等工作。

2. 黄梅秤锤树保护示范园获批建设

黄梅秤锤树原生林内坟墓林立，清明祭扫引发火灾的风险仍然存在。且黄梅秤锤树易受白蚁侵蚀，但由于不能全园翻挖，白蚁危害难以根除。保护空间狭小，种群数量自然扩增困难。原生林周边水田房屋围绕，进出道路十分不便，不利于原始林的保护。如果不能把保护和利用有效地结合起来，黄梅秤锤树的保护工作难以推进。龙感湖国家级自然保护区管理局尝试过把黄梅秤锤树培养成行道树，但效果不是很理想；将其作为风景树，由于花期短，效果也并不显著。为有效保护黄梅秤锤树这一极小种群，拓展保护空间，合理利用保护成果，根据上级文件精神，结合保护区实际，龙感湖国家级自然保护区申报了黄梅秤锤树保护示范园建设项目，并顺利获批，建设任务见图1-3。

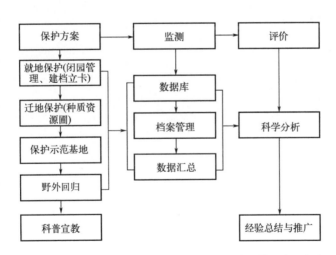

图1-3 龙感湖国家级自然保护区黄梅秤锤树示范园建设任务

黄梅秤锤树示范园建设项目坚持了就地保护为主的原则，坚持就地保护与近地保护、迁地保护相结合，坚持生境保护与种群恢复相结合，坚持物种有效保护、种质资源保存和可持续利用相结合，坚持统筹规划、分期实施，坚持协作、共建、共享原则。通过对钱林村黄梅秤锤树原生林基础设施的升级改造，修缮园区大门、围栏以及修缮灌溉、绿化及观赏设施，更新老旧宣传牌及其他标志牌，对李河村原生林进行资源调查、建档立卡、挂牌保护、封闭管理。结合美丽乡村建设，拓宽进出秤锤树原生林的道路。对黄梅秤锤树原生林旁边的水塘进行改造，加固塘岸，在水塘中种植水生植物。对秤锤树原生林所在地钱林村五组进行污水管网改造及村庄美化工程。对钱林村和李河村两处黄梅秤锤树原生林进行全方位病虫害（包括白蚁）防治。通过以上措施，有效提升了黄梅秤锤树原生群落自然更新能力，有效增强了原生群落的保护力度（图1-4）。

图1-4　黄梅秤锤树保护宣传

在钱林村秤锤树原生林附近新征30亩（1亩 =667m²）林地，保留大树，清除杂木，建设了秤锤树种质资源圃。修缮苗床、建设苗圃，采用扦插和种子繁育的办法繁育苗木，把繁育的苗木移植到苗圃培育。引进秤锤树属其他7个树种各50株，打造了全国最全的秤锤树种质资源圃和专门的秤锤树种子贮藏室，扩大了种群规模。落实管护机制，与秤锤保护示范园所在地钱林村签订《社区共管共治协议》，聘用管护员负责日常看护、浇水、翻耕、施肥、剪枝等工作。以上措施有效保护了包含黄梅秤锤树在内的8个秤锤树种的种质资源，维护了秤锤树属的物种多样性，保护了湿地生态系统。

2023 年 11 月 24 日，黄梅秤锤树保护示范园在地方政府的重推下竣工验收（图 1-5）。在秤锤树种质资源圃栽种 200 株黄梅秤锤树，建设配套的监测、科研、科普、宣传等设施，建设以秤锤树为主题的展示园。通过建设一系列宣教设施进行科普宣传，有效提升了公众保护野生植物、保护生态环境的意识。通过对黄梅秤锤树原生林周边环境的改造，建设了美丽乡村，促进了乡村振兴。

图 1-5　龙感湖国家级自然保护区内黄梅秤锤树保护示范园

四、黄梅秤锤树的价值

1. 生态效应

极小种群物种是我国珍稀濒危物种链条上不可或缺的一环，也是判断生物多样性保护工作成效的主要标志。极小种群物种的消亡必会导致生物多样性丧失，生态系统稳定性降低，危及其他物种的生存。与野外灭绝或者功能性灭绝的物种相比，极小种群物种的种群恢复希望极大，通过人工干预拯救与合理管护可以帮助其恢复和发展种群规模。黄梅秤锤树是具有鲜明地区特色的物种，有着不可替代的功能生态位，对生态系统的整体性保护有着至关重要的意义，同时在保护龙感湖国家级自然保护区的野生动植物、维护生物多样性方面有着十分重要的作用。在保护黄梅秤锤树这一极小濒危物种的同时，也能使秤锤树属其他树种得到可持续发展性保护，这是生物多样性保护的具象化。其保护行动使龙感湖国家级自然保护区所属的湿地生态系统得到了有效保护，其水源涵养、植物群落正向演替、调节气候和水文、维护湿地生态系统自身平衡发展等能力都将有所改善与提高，生态效益显著。

2. 社会效应

黄梅秤锤树这一极小种群受到的关注度逐渐提高，增强了龙感湖及周边地区民众爱绿护绿的自觉性，提高了公众的自然保护意识及黄梅秤锤树的知名度，全品种秤锤树种质资源圃为生物科学研究、教学实习、科学普及与考察、观光提供了一个理想场所，具有很强的社会效应。作为我国特有的极小种群物种，黄梅秤锤树在实施可持续发展、推进生态文明建设、构建和谐社会、创建美丽乡村等方面有着十分重要的作用。

3. 经济效应

通过合理开发利用黄梅秤锤树的保护成果，结合美丽乡村建设，巩固拓展脱贫攻坚成果。适度开发旅游、观光和休闲产业，通过项目建设带动地方经济发展，促进黄梅县居民增收，助力乡村振兴，经济效益显著。在生物产业方面，黄梅秤锤树珍贵的基因很有可能成为一种提高未来生产力的战略性生物资源，如果其所携带的遗传信息随之消失，对国家甚至全世界都是一笔巨大的财富损失。因此，帮助黄梅秤锤树恢复和发展种群，是新时期保障和储备物质资源的迫切需求。

4. 科研价值

对黄梅秤锤树野外居群濒危现状探究（包括分布范围、种群大小、分布面积、种群结构组成等）；濒危等级评定、繁育系统研究、种子生理生态学研究（包括内果皮生物学特征、休眠机制、种子萌发条件优化等）；保护遗传学研究（包括残存种群遗传多样性、遗传结构、基因流、居群历史动态等）；种群动态历史变化解析，并在此基础上探讨黄梅秤锤树极小种群的保护对策。这些研究为安息香科的有效保护、系统发育研究、种质资源延续提供了理论基础，同时也为我国其他 120 个极小种群野生植物种质资源的保护提供了参考。

第二节
黄梅秤锤树及近缘种的濒危现状分析

濒危植物是指由自身原因和外部因素影响而濒临灭绝的植物，其地理分布比较局限，常呈现岛屿状，并且还有不断缩小的趋势，需要及时加以保护。根据物种价值，濒危植物分为国家一级、国家二级两个保护等级。目前，对濒危植物的宏观研究集中在群落植物区系特征、群落物种多样性、种群动态、濒危机制解析、保护策略制定等方面。

一、濒危现状

1. 黄梅秤锤树濒危情况

黄梅秤锤树每 100 粒种子只有 1 粒可能成熟萌发，萌发率低至 1% ～ 2%，所以野外种群数量极少（图 1-6）。2022 年，龙感湖国家级自然保护区的工作人员在钱林村大源湖边的李河村树林里发现了少量黄梅秤锤树，这是该树种的第二个分布区。

图 1-6　黄梅秤锤树残留居群

龙感湖国家级自然保护区管理局在现有秤锤树林旁征用坡耕地 5 亩，栽植秤锤树苗木 1000 余株。经过多年努力，扦插方式扩繁成功，成功繁育苗木 6000 多株。夏季嫩枝扦插成活率较高，秋季硬枝扦插成活率较低，整体成活率近 50%。目前，黄梅秤锤树总量已发展到 1 万多株，研究人员将繁育苗木分散迁移到山东、云南、海南、北京等基地。在山东烟台基地，黄梅秤锤树作为南方特有树种长势喜人，大量树木还能挂果结实。在海拔过千米的湖北英山桃花冲基地，黄梅秤锤树 4 月开始尽情绽放。

　　龙感湖国家级自然保护区管理局启动了"黄梅秤锤树回归自然计划"，即将人工繁育的黄梅秤锤树实施移栽，让它在原生地恢复到合理数量，能够开花、结果，形成自然更新的种群。2024 年，在苦竹乡香樟园内进行了黄梅秤锤树的野外回归，成功引种 2000 株，长势良好。由此，从种质资源保存、种苗扩繁、就地保护、迁地保护到野外回归，形成了保护极小种群黄梅秤锤树的全链条（图 1-7）。

图 1-7　龙感湖国家级自然保护区秤锤园

2. 秤锤树濒危情况

　　1927 年胡先骕和秦仁昌首次在江苏南京幕府山发现秤锤树（*Sinojackia*

xylocarpa），它是秤锤树属第一个被发现的树种，也是中国植物学家发表的第一个新属植物，是南京的"名片树种"。如今南京市现存最大年龄的一棵秤锤树由中山植物园栽种。此外，国家植物园南园已成功引种驯化秤锤树，现栽植于珍稀濒危植物区的 5 株秤锤树是从 20 世纪 80 年代末首次引种的植株上剪取的枝条扦插繁殖而来，目前能正常开花结果，长势良好。

2024 年 3 月 30 日下午，中国植物学会理事长、中国科学院院士种康与汪小全、姚东瑞等植物学家和植物科技工作者们在南京中山植物园共同种下一株秤锤树。目前，秤锤树在南京植物园、上海植物园、杭州植物园、武汉植物园、青岛植物园均得到了迁地保护。在河南新县、湖北广水等地也发现有零星分布的秤锤树。在龙感湖的秤锤树繁殖基地内种植了从江苏淮安引种的秤锤树。

秤锤树（南京），落叶小乔木，被列为国家二级重点保护野生植物，属于极小种群物种。野生居群分布于南京幕府山二台洞、江浦老山、句容宝华山，江苏部分地区，河南商城、新县，湖北长阳等地，生长缓慢且人为砍伐现象严重，在野外环境中正濒临灭绝。随着时间的推移，江苏地区的秤锤树可能已经灭绝。目前，秤锤树的主要居群分布在河南（信阳鸡公山、新县黄毛尖、商城金刚台）及湖北（长阳、广水）等地，每个地点仅有 1 ～ 2 株，并且未发现实生苗。这一现象表明其自然更新能力极低，物种的自然再生过程几乎停滞，导致其濒临灭绝的风险极高。种群数量极少且分布零散，任何环境变化或人为干扰都可能对其造成毁灭性打击。

3. 狭果秤锤树濒危情况

狭果秤锤树（*Sinojackia rehderiana*）又称江西秤锤树，为落叶小乔木，在模式标本地和原有标本记载地已灭绝。1930 年由胡先骕于江西南昌首次发现。历史上，狭果秤锤树分布于湖南宜章，但近几年在安徽泾县、湖南祁东、江西永修、江西彭泽、湖北黄梅、广东乳源瑶族自治县等地相继发现了新的居群，近年来被收录于国家物种红色目录，被列为国家二级重点保护野生植物，属于极小种群物种。武汉植物园栽培了近 50 株狭果秤锤树，大多数可以开花结果。目前龙感湖的秤锤树繁殖基地从江西永修引种了狭果秤锤树。

永修和黄梅两地狭果秤锤树种群目前生存状况良好，总体呈现增长趋势，而彭泽种群则处于极危状态，很可能面临灭绝。永修和黄梅种群均处于植被保护比较完好的群落中，前者为村里的风水林，村民有着自觉的防止破坏意识；后者为龙感湖国家级自然保护区下新保护站的管辖范围，受到了较好的人为保护。彭泽狭果秤锤树群落则处于人类农业活动地带，周围无高大的原始植被乔木为其提供阴生环境，村民无保护意识，也未得到有关部门的专业保护，因此陷入了濒临消失的境地（图1-8）。

图1-8　彭泽的野生狭果秤锤树资源（徐惠明，2017）

4. 长果安息香濒危情况

长果安息香（*Changiostyrax dolichocarpus*）为落叶小乔木，是国家二级重点保护野生植物，1981年由祁承经首次发现于湖南石门，是极小种群物种。1995年，陈涛将其独立为长果安息香属。它主要分布在湖南石门县壶瓶山和桑植县，在壶瓶山主要分布于南坪茅竹河、江坪金板山高桥河和景观门等地，垂直分布400～800m，沿山谷两侧呈条带状分布。长果安息香果实密被灰褐色长柔毛和极短的星状毛，连喙长4.2～7.5cm，中部宽8～11mm。长果安息香在核心区域以外常看到砍伐后的树桩。目前龙感湖的秤锤树繁殖基地从湖南石门引种了长果秤锤树进行繁育。

5. 细果秤锤树濒危情况

细果秤锤树（*Sinojackia microcarpa*）是落叶小乔木，为国家二级重点保护野生植物，属于极小种群物种。1997年由李根有和陈涛联合首次发现于浙江建德。临安居群被人类活动严重破坏，需要迁地保护。细果秤锤树的建德居群有较好的幼苗更新，并且居群大小有逐渐增长的趋势，对其可以采取就地保护的策略。临安地区约有 30 株，而建德地区的数量从原先的 1000 株减少至约 600 株。尽管其分布地相对集中，但居群规模在大幅度减小，特别是在建德，种群数量已下降至原有的 60%。这种减小趋势显示出该物种在面对环境变化或其他压力时的脆弱性。虽然数量相对较多，但如果不采取有效的保护措施，其生存前景依然堪忧。目前龙感湖的秤锤树繁殖基地从浙江建德引种了细果秤锤树。

6. 怀化秤锤树濒危情况

怀化秤锤树（*Sinojackia oblongicarpa*）于 1998 年由陈涛首次发现于湖南省怀化市鹤城区贺家田乡。与肉果秤锤树相似，但相比于肉果秤锤树，其果实似矩形，为长椭圆形，花较小，茎干有刺，种子饱满率不到 5%。自发现至今一直是极濒危状态，为落叶小乔木，是国家二级重点保护野生植物，属于极小种群物种，必须通过人工繁育的措施扩大种群数量，为回归引种工作提供材料基础。目前龙感湖的秤锤树繁殖基地从湖南怀化引种了怀化秤锤树并进行保育栽培。

2022 年在怀化市林科所和鹤城区林业局的共同努力下，怀化秤锤树繁育、迁地保育及野外回归项目纳入了中央财政补助项目。通过野外调查发现，在怀化市共有 70 多株野生怀化秤锤树资源，而在鹤城区境内存在 68 株野生资源。2023 年 3 月 22 日，国家二级濒危保护植物怀化秤锤树回归原生地活动在怀化市鹤城区凉亭坳乡枫木潭村举办，1400 余株怀化秤锤树首次回归原生地，鹤城区林业部门对每株原生树木和部分回归树木进行了挂牌保护。

7. 肉果秤锤树濒危情况

肉果秤锤树（*Sinojackia sarcocarpa*）被国家物种红色目录收录，其为落叶小乔木，是国家二级重点保护野生植物，属于极小种群物种，具有丰富的抗癌成分。1992 年由罗利群首次发现于四川乐山。果实卵圆形，长宽与（南京）秤锤树相似，但其肉质多汁、干后皱缩，是（南京）秤锤树果实重量的 6 倍。肉果秤锤树播种后 3 年才能萌发，栽植后 8 ～ 10 年才能开花结果，严重影响物种繁育、保护以及生态应用。原有植被的破坏严重危及肉果秤锤树的生存。

2000 年《植物杂志》记载，野生的肉果秤锤树成年树及幼苗不足 10 株，散布于一处 500m² 的狭窄范围内。2005 年，种群局限在不足 200m² 的区域，数量仅十余株。

乐山师范学院环境与生命科学系研究团队于 1998 年开展了肉果秤锤树的人工繁殖研究，在中国科学院南京植物研究所同时播种了 200 粒种子，2000 年春季仅出苗 6 株，2001 年春又出苗 1 株，总出苗率 3.5%。2000 年秋季第二批播种 700 粒，到 2002 年春季出苗 322 株，出苗率达到 46%。在 2000 年夏季扦插育苗 300 枝条，生根成活 5 株，肉果秤锤树的生存问题基本得到了解决。目前龙感湖的秤锤树繁殖基地从四川乐山引种了肉果秤锤树进行保育栽培（图 1-9）。

(a) 植株　　　(b) 花　　　(c) 果实　(d) 果实横切面　(e) 内果皮包围的种子

图 1-9　肉果秤锤树（范晶等，2015）

8. 棱果秤锤树濒危情况

棱果秤锤树（*Sinojackia henryi*）在国内只有一份标本，近年来没有再采到标本。

二、濒危原因

秤锤树属与长果安息香属种间均为间断分布，地理分布区比较狭窄，大多局限分布于少数几个地区，各居群之间相互隔离，为狭域分布种，居群内个体数偏少。由于遗传范围狭小，居群基因流被阻断，使得居群遗传均质性和近交衰退，最终使居群适合度下降而导致灭绝。地球上只有很少的居群或物种因纯粹遗传学原因走向灭绝，大部分物种的生存依赖物种居群生态系统的状况。生态学家认为物种灭绝的最直接外因是生境破碎、栖息地丧失、外来物种入侵、环境污染、全球气候变暖等。

1. 濒危外部原因

（1）气候变化　物种分布模型能够评估环境和生物之间的关系，在生态学和物种保护领域都有广泛的应用。气候变化是当前和未来影响生物多样性变化的主要因素之一，会导致生物栖息地的分布范围发生变化，进而影响生物多样性格局。自末次盛冰期以来，剧烈的气候变化曾导致许多物种的分布格局发生改变，分布范围大幅度缩减。

（2）天然隔离　在野外环境中，大河、悬崖等天然屏障的阻隔，使秤锤树属在迁移过程中受到阻碍，从而影响种群分布范围的扩大。MacArthur和Wilson分别于1963年和1967年提出了岛屿生物地理学理论：岛屿生物多样性与岛屿面积呈正相关。岛屿生物丰度受岛屿物种的侵蚀与灭绝这两个动态过程影响。不同岛屿受大陆物种侵蚀的概率与其距大陆库源之间的距离相关，具有随着间隔距离增加而迁移率降低的"距离效应"。岛屿面积越小，所存在的物种受随机因素影响而导致灭绝的概率越大，显示出"面积效应"。"距离效应"和"面积效应"已被广泛接受并应用于自然保护区的构建。岛屿的生境异质性及所受的阻隔效应将会导致岛屿新物种的产生，并且新物种数量会随着隔离程度的增加而增加。岛屿具有地理隔离、基因流阻隔、生物类群简单、种群规模小等特点，在研究物种自然选择、形成与演化机制、物种侵蚀与灭绝关系中意义重大。

（3）栖息地丧失和生境片段化　在陆地生境中，生境片段化是生物多样性的最大威胁。生境片段化、栖息地丧失是导致野生生物居群灭绝的直接原因。从遗传统计随机性的角度看，在小居群和片段化隔离居群中，遗传漂变和近交衰退通常导致居群的遗传多样性降低、有害等位基因积累、适合度降低，使得居群面临较高的灭绝风险。生境片段化影响生态系统的物种种类组成、数量结构、生态过程以及非生物因素。生境片段化会将连续的大居群变成多个孤立小居群，影响物种的遗传结构以及小居群的适合度和居群更新。生境片段化过程中的取样效应、小居群中的遗传漂变、近交作用、距离隔离效应等都会影响居群的遗传多样性水平与分布。栖息地丧失和破坏不可能在短时间内消除，甚至可能进一步恶化。

① 对遗传变异的影响。居群片段化后，遗传漂变效应增大，会清除一些低频率的等位基因，可能会造成物种很难适应特殊的环境条件。遗传漂变的效

应与有效居群大小有关：有效居群很小时，遗传漂变能显著改变居群遗传变异格局，因为小居群中个体间容易发生近交，从而降低居群的遗传多样性，进一步降低居群适合度。居群越小，杂合度的丧失越快。

大部分情况下，生境片段化造成的残留小居群的遗传多样性显著低于大居群和连续分布的居群，因为在持续近交的居群中，杂合子的频率最终会趋于0，即种群内完全是纯合子个体。生境片段化对遗传多样性的影响是综合的，同时也受到居群大小、经历生境片段化的世代数、物种的寿命、种子库、基因流等因素的影响。种子库在一定程度上可以抵消遗传漂变和取样效应造成的影响。

② 对居群遗传分化的影响。生境片段化的过程中，小居群有可能面临灭绝，并促使居群间的间隔距离增大，从而影响居群间基因流，进一步导致居群间出现新的遗传分化。片段化的生境内，小居群在空间上相对隔离，在个体、种子、花粉等的迁移能力不变的情况下，居群间基因流随着隔离距离的增大而减小，从而增大居群间的遗传分化。在同一物种内，居群之间遗传分化与空间距离存在正相关性。

物种的繁育系统和基因流格局决定了居群遗传结构。生境片段化的居群内，少数亲代个体占优势，后代来源于此少数个体亲本，进而产生遗传瓶颈。

③ 对植物居群交配系统的影响。交配系统指居群中近交（或远交）所占的比例。交配系统对物种的居群遗传组成非常重要，其不仅决定了未来世代的基因频率，同时还影响到植物群体的有效大小、基因流、选择等进化因素。生境破碎化后，会使居群个体减少，植物居群的交配系统也受影响，增加居群内个体近交概率，从而导致个体结实率降低。

对于长寿命树木遗传多样性，生境片段化引起显著变化可能需要几个世代，甚至成百上千年。黄梅秤锤树为多年生乔灌木，寿命可达百年，龙感湖湿地的黄梅秤锤树残存居群可能经历的片段化时间较短。黄梅秤锤树作为完全隔离的孤立居群，与外界几乎不发生基因交流，更容易面临灭绝风险。

（4）人类活动干扰　秤锤树属于长果安息香属植物，大部分种的经济价值不高，因此长久以来没有受到足够的重视，并且人为破坏非常严重。由于经济开发，狭果秤锤树的栖息地遭到严重破坏，该种已经在原产地灭绝。细果秤锤树的临安居群主要分布在青山湖旅游区，当地旅游业开发等大规模人类活动的干扰，导致沿湖岸分布的细果秤锤树被严重破坏。细果秤锤树的建德居群也因为人为砍伐，在十年内减小了一半。长果安息香居群大部分分布在自然保护区核心区的边缘或核心区以外的地方，常被砍伐后作为木材，尤其桑植居群砍伐现象最为严重。作为优美的观赏植物，黄梅秤锤树也常被移栽。

2. 濒危内部原因

（1）花发育时期不一且交配效率低　秤锤树属物种的濒危与自身生长发育生物学特性有一定的关系。在残存生境中，单株成年开花黄梅秤锤树在开花盛期着生有数千朵花，且花的发育时期不一。黄梅秤锤树单花水平上存在自花授粉现象，置于柱头上的花粉大多来自同花或同株异花而发生自交，但是自交亲和性差，导致低结实率和平均每果种子数少。以异交为主，需要传粉者参与，但传粉昆虫种类较少，且访花频率低，易受恶劣天气影响。自交每果种子数明显低于异交种子数，有可能造成后代适合度的降低。

黄梅秤锤树花期处于梅雨季节，传粉易受天气影响。花粉活性和柱头可授性峰期不同步，存在时间间隔，进一步影响其传粉效果。

（2）种子生活力低且休眠时间长　黄梅秤锤树是落叶小乔木，秋季树叶落下，光合产物减少，这对果实和种子的生长发育和后熟生理有一定程度的影响，是种子发育不良、空粒较多的直接因素。选择性败育、子房供应不足等综合因素造成了黄梅秤锤树"花果多种子少"的现象。黄梅秤锤树的种子属于两年种子范畴，种子生活力低，具生理休眠和机械休眠的特性，需隔年甚至两年后萌发。存在种皮强迫休眠的现象，即种皮透气性差且具有机械束缚力，属于综合休眠类型。此外，其种皮坚硬，透水性差。

（3）果皮机械阻碍及萌发抑制剂　果实于 9～10 月成熟，不开裂。外表皮较厚且难以去除，为潜在的物理障碍，导致室内或田间萌发试验较难开展。在寒冷的冬天，果实为了适应低温环境，需要转化和积累大量的疏水性物质，导致果皮、种皮坚硬致密，非常不利于种子的萌发，导致居群更新能力差。

肉果秤锤树果肉随水浸提时间延长（48～144h），浸提液对白菜种子发芽、幼苗生长、根生长的抑制作用逐渐增强。肉果秤锤树果肉、内果皮、种仁的甲醇浸提物均能显著抑制白菜种子发芽和生长，且随着浸提液质量分数（25%～75%）的升高，抑制效应增强。相同浓度的甲醇浸提物，果肉抑制效应最强。整体而言，肉果秤锤树果肉的甲醇浸提液抑制作用显著高于水浸提液，即果实内含有酯溶性萌发抑制物，且主要存在于果肉中。肉果秤锤树果实内还含有水溶性萌发抑制物。肉果秤锤树核果的乙醚相、乙酸乙酯相、甲醇相中均含有抑制种子萌发和幼苗生长的物质，且含有的抑制物活性依次为：甲醇相＞乙酸乙酯相＞乙醚相，气相色谱 - 质谱联用仪鉴定的发芽抑制物主要为辛酸、十七烷酸、油酸等。肉果秤锤树果实为核果，电镜扫描显示核果外层含有大量小孔和微孔的坚硬木质结构，能对种仁造成机械束缚，同时也能提供一定的透性（图1-10）。

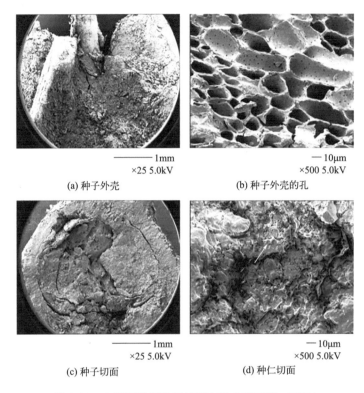

(a) 种子外壳

(b) 种子外壳的孔

(c) 种子切面

(d) 种仁切面

图 1-10　肉果秤锤树种子扫描电镜（范晶等，2015）

此外，细果秤锤树果实浸提液（25 ～ 100g/L）对白菜种子萌发也有抑制作用。

第二章

黄梅秤锤树的分类地位

秤锤树属（*Sinojackia*）是安息香科（Styracaceae）的少种属，该属是我国植物学家胡先骕先生根据秦仁昌先生 1927 年在南京幕府山采集的秤锤树模式标本而定名，是我国植物学家发表的第一个属，并于 1928 年发表在 *Journal of the Arnold Arboretum*。由于该属部分物种发现的时间较晚，且有的物种存在种名甚至属名的更改，不同的志书或文献关于该属包含的物种数和种名有所不同。1987 年版的《中国植物志》（第 60 卷第 2 部分）记录了长果秤锤树、棱果秤锤树、狭果秤锤树、秤锤树等 4 个物种。1996 年，*Flora of China* 第 15 卷又新增了肉果秤锤树。2005 年，姚小洪等发表的《秤锤树属与长果安息香属植物的地理分布及其濒危现状》中记录了 7 种秤锤树属植物，包括新增的怀化秤锤树、细果秤锤树、黄梅秤锤树；按照陈涛（1995）的研究结果将长果秤锤树归类至长果安息香属，认为棱果秤锤树在过去 70 年中未有新的标本采集记录，可能存在同物异名现象或已经灭绝。

作为中国特有且在植物分类学上占独特地位的属，秤锤树属主要分布在中国的中南部地区，尤其是长江以南的地区，常生长在湿润的森林环境中，为当地的生物多样性和生态系统平衡提供了重要支持。作为中国特有孑遗植物，秤锤树属植物枝叶浓密、色泽苍翠，春季花白如雪，秋季秤锤状果实累累，果序下垂，随风摆动，颇具野趣，具有独特的观赏价值、生态价值，部分秤锤树属植物还具有药用价值。秤锤树属植物是优良的观赏树种，适合于林缘和窗前栽植，园林中可群植于山坡，与湖石或常绿树配植，也可盆栽制作盆景。

第一节

秤锤树属物种与近缘种

目前，科学界一致认为秤锤树属包含 7 个物种：秤锤树、狭果秤锤树、棱果秤锤树、肉果秤锤树、细果秤锤树、怀化秤锤树、黄梅秤锤树。原来的长果秤锤树重新命名为长果安息香，归类至长果安息香属。

一、秤锤树

秤锤树为乔木，高度可达到 7m，胸径最大可达 10cm。幼枝被密集的星状短柔毛，呈灰褐色；成熟后转变为红褐色，无毛，并且表皮常以纤维状脱落。

叶片纸质，形态为倒卵形至椭圆形，长度介于 3～9cm，宽度在 2～5cm。

叶尖急尖，叶基楔形至近圆形，边缘具有坚硬的锯齿。在具花小枝基部的叶片较小，呈卵形，长度为 2 ～ 5cm，宽度为 1.5 ～ 2cm，基部圆形或略呈心形。叶片的两面除了叶脉上稀疏的星状短柔毛外，其余部分无毛。叶片的侧脉每边有 5 ～ 7 条，清晰可见。叶柄长度约为 5mm。

　　果实卵形，包括喙在内长度为 2 ～ 2.5cm，宽度为 1 ～ 1.3cm，颜色为红褐色，表面有浅棕色皮孔，无毛，顶端具有圆锥状的喙。外果皮木质，不开裂，厚度约为 1mm。中果皮木栓质，厚度约为 3.5mm。内果皮木质且坚硬，厚度约为 1mm。种子单一，呈长圆状线形，长约 1cm，颜色为栗褐色（图 2-1）。

图 2-1　秤锤树果实发育过程
拍摄时间 2024.05.11—2024.07.31

花呈总状聚伞花序，生于侧枝顶端，通常有 3 ～ 5 朵。花梗柔弱且下垂，疏生星状短柔毛，长度可达 3cm。萼管呈倒圆锥形，高约 4mm，外部密被星状短柔毛，萼齿 5 ～ 7 枚，呈披针形。花冠的裂片为长圆状椭圆形，顶端钝，长度为 8 ～ 12mm，宽度约为 6mm，两面均密被星状茸毛。雄蕊数量为 10 ～ 14 枚，花丝长约 4mm，下部宽扁并连合成短管，疏生星状毛。花药呈长圆形，长约 3mm，无毛。花柱呈线形，长约 8mm，柱头不明显三裂。

花期为 3 ～ 4 月，果期为 7 ～ 9 月。

历史上，秤锤树在江苏地区曾有多次采集记录：1928 年在南京幕府山的二台洞有秤锤树采集记录，1934 年在南京老山林场第三区有采集记录，1935 年 5 月在江苏句容宝华的一座庵堂有采集记录。该植物的模式种原产地为南京燕子矶，江苏句容也曾发现其野生居群。20 世纪 70 年代后经多次调查，在南京和江苏其他地区一直没有找到秤锤树野生居群，表明秤锤树在江苏可能已经灭绝。目前主要在河南信阳鸡公山、新县黄毛尖、商城金刚台、湖北长阳、广水大贵寺海拔 500 ～ 800m 林缘或疏林中发现有零星植株，每地只有一两棵，且在野外未发现实生幼苗。

二、狭果秤锤树

狭果秤锤树表现为小乔木或灌木形态，高度可达 5m。其嫩枝覆盖有星状短柔毛，随着枝条成熟，这些柔毛会逐渐脱落。

叶片为纸质，形态多样，通常为倒卵状椭圆形或椭圆形，长度介于 5 ～ 9cm，宽度在 3 ～ 4cm 之间。叶尖可能是急尖或钝，叶基为楔形或圆形，边缘具有明显的硬质锯齿。在有花小枝基部的叶片较小，呈卵形，长度为 2 ～ 3.5cm，宽度为 1.5 ～ 2cm，叶基圆形或略呈心形。嫩叶的两面均密被星状短柔毛，成熟后，除了叶脉保留星状短柔毛外，其余部分的毛被通常脱落，导致叶片大部分区域无毛。叶片的侧脉每边有 5 ～ 7 条，与网脉在叶面形成凹陷，在叶背隆起，网脉在叶背尤为明显。叶柄长度为 1 ～ 4mm，同样密被星状短柔毛。

花白色，总状聚伞花序，花序疏松，通常 4 ～ 6 朵花位于侧生小枝顶端。花梗长达 2cm，与花序梗一样纤细且弯垂，疏被灰色星状短柔毛。花萼呈倒圆锥形，高约 5mm，密被灰黄色星状短柔毛，顶端有 5 ～ 6 个三角形的萼齿，每个萼齿长约 1mm。花冠 5 ～ 6 裂，裂片为卵状椭圆形，长约 12mm，宽约 4mm，疏被星状长柔毛。花柱长约 6mm，线形，柱头不明显三裂，子房 3 室。

果实为椭圆形、圆柱状，具有逐渐尖细的喙，连喙总长度为 2 ～ 2.5cm，宽度为 10 ～ 12mm。果实下部逐渐变狭，颜色为褐色，表面有浅棕色的皮孔。外果皮较薄，肉质，厚度约为 1mm；中果皮木栓质，较厚，约为 3mm；内果皮坚硬，木质，厚度约为 1mm。果实内含 1 颗长圆柱形的褐色种子（图 2-2）。

图 2-2　狭果秤锤树果实发育过程
拍摄时间 2024.05.11—2024.07.20

该物种的花期为 4 ～ 5 月，果期为 7 ～ 9 月。

据《中国植物志》记载，该种模式标本采自江西南昌望城乡的林中和灌丛内，在广东乳源瑶族自治县、湖南宜章县栗源堡乡有分布。由于南昌开发区的建设，狭果秤锤树消失殆尽；在湖南宜章也没有找到该种植物。据标本和文献记载，在安徽泾县、广东乳源瑶族自治县、江西永修县艾城乡、湖南祁东县灵官镇有分布，在对上述地区的调查中也证实了狭果秤锤树在这些地方有分布。根据谢国文等的研究成果，在江西永修县狭果秤锤树分布的区域设置 50m×50m 的样地进行调查，共发现 208 株狭果秤锤树，对其进行年龄级别结构分析发现该种群存在着大量的幼树和立木，年老大树占少数，种群更新能力强，呈现增长趋势。

三、棱果秤锤树

棱果秤锤树表现为灌木或小乔木，高度范围在 1.5 ～ 4m。嫩枝短而纤细，具有棱角，并密被黄褐色星状短柔毛；成熟后，表皮变为纤维状脱落，呈现紫褐色，无毛，且呈圆柱形。

叶片为纸质，形状为椭圆形或倒卵状椭圆形，长 4.5 ～ 10cm，宽度在 1.5 ～ 5cm 之间。叶顶端急尖，基部楔形或近圆形，边缘具有硬质锯齿。在具花小枝下的叶较小，呈卵形或长卵形，长 3 ～ 5.5cm，宽度在 1.5 ～ 3cm 之间。除叶脉上被灰黄色星状短柔毛外，叶片其余部分无毛。侧脉每边有 5 ～ 8 条，与中脉在叶面上凹陷，在叶背隆起，网脉在两面均明显隆起。叶柄长度为 5 ～ 8mm，密被黄褐色星状短柔毛。

花序为总状聚伞，长 3 ～ 5cm，包含 3 ～ 6 朵花。花朵白色，呈下垂状。花梗纤细，长 1.2 ～ 1.5cm，与花序梗一样，均密被灰黄色星状短柔毛。花萼呈倒长圆锥形，连同萼齿的高度约为 6mm，具有棱角，密被灰黄色星状短柔毛，萼齿呈三角状披针形，顶端渐尖。花冠的裂片为倒卵形或长圆形，长约 1cm，宽约 5mm，顶端圆形，两面密被星状短柔毛。雄蕊数量在 10 ～ 13 枚之间，花丝长约 5mm，基部宽扁并连合成短管，密被星状长柔毛。花药呈长圆形，被毛，药隔突出。花柱呈线形，长约 10mm。子房为下位，通常 3 室，偶尔 4 室，每室内有 8 颗胚珠，排成两行。

果实呈长椭圆形，稍弯，连同圆锥状喙长 3 ～ 4cm，宽 4 ～ 6mm，具有 8 ～ 12 棱，表面有宿存萼齿。成熟后果实为褐色，有浅褐色皮孔和稀疏星状毛。外果皮薄，与木栓质的中果皮合生，厚约 1.5mm；内果皮木质，厚约 1mm。通常含有 1 颗褐色种子。

花期 3 ～ 4 月，果期 6 ～ 7 月。

据《中国植物志》记载，在四川康定、湖北武汉、湖南宜章城南乡、广东乐昌坪石镇有棱果秤锤树的分布，模式标本采自四川康定。棱果秤锤树在四川境内生于海拔 2000 ～ 3500m 的高山上，而在广东和湖南则生于 100m 左右的山谷河边林中。然而，实地调查中在湖南宜章和广东乐昌并没有找到该种，武汉地区的植物标本馆及四川等地也没有棱果秤锤树的采集记录。由于对该种的本底调查还不是很清楚，对棱果秤锤树的地理分布需进一步调查研究。

四、肉果秤锤树

肉果秤锤树果实肉质多汁，干后皱缩与秤锤树有别，因此得名。肉果秤锤树为树木或灌木，高度范围在 7 ～ 10m。小枝呈现红棕色，表面覆盖有稀疏的星状毛。叶柄的长度介于 5 ～ 12mm 之间。

叶片形态有两种类型：在开花枝基部的叶片呈卵形，2 ～ 5cm 长，1.5 ～ 2cm 宽，基部圆形至略心形；而其他叶片则呈卵形至倒卵形，6 ～ 15cm 长，6.5cm 左右宽，基部圆形。所有叶片均为纸质，表面光滑或有稀疏星状毛，边缘在远端具有细齿，顶端从锐尖至尾尖变化，次级脉有 5 ～ 7 对。

花序通常包含 2 ～ 4 朵花，整体长度为 4 ～ 6cm。花梗的长度为 2.5 ～ 2.7cm，表面有稀疏的星状短柔毛。花朵呈白色，下垂，长 1.5 ～ 2cm。花萼筒的长度为 4 ～ 6mm，表面密被星状毛；萼齿 5 或 6 枚，呈钝形。花冠的裂片为椭圆形，9 ～ 15mm 长，6 ～ 8mm 宽。花丝长度为 4 ～ 6mm，表面密被星状茸毛。花柱呈丝状，长度为 8 ～ 11mm。

果实形态为卵形至近球形，包括一个圆锥形的喙，2.3 ～ 3cm 长，1.5 ～ 2.3cm 宽。果实表面光滑，具有皱纹和小瘤点，质地稍微肉质。外果皮厚度约为 1mm，中果皮厚度为 5 ～ 9mm，内果皮厚度约为 1mm。种子呈深棕色，亚纺锤形。

花期 4 ～ 5 月，果期 10 ～ 11 月。本物种生于山坡或溪边的灌木丛中，海拔大约 400m。肉果秤锤树分布范围狭小，仅分布在四川乐山乌尤山常绿阔叶林中。成年树及幼苗不足 10 株，高度濒危。模式种有时也作为变种处理，称作乐山秤锤树（*Sinojackia xylocarpa* var. *leshanensis*）。

五、细果秤锤树

细果秤锤树为灌木，高度可达 3m。树干具有分枝的刺，直径 2 ～ 4cm，树皮为灰棕色，并且呈现纵向开裂的形态。当年生枝条为绿色，表面密被星状毛；二年生枝条则转变为黑棕色，表面光滑，具有纵向条纹，树皮垂直开裂并脱落。

芽具有圆形的绿色鳞片，这些鳞片同样密被星状毛。叶片为单叶互生，纸质，叶柄长 3 ～ 4mm。叶片形态从卵形至椭圆形，长 6 ～ 12cm，宽 2.5 ～ 6cm。叶顶端尾状渐尖，基部为宽楔形或圆形。叶片边缘在远端具有腺毛细齿。中脉两侧各有 8 ～ 10 条侧脉。新叶的背面和沿脉的正面稀疏覆盖星状毛，随着成熟，这些毛逐渐脱落，使得叶片正面呈现明显且紧密的网状纹理，而背面则更为光滑且具有光泽的绿色。

花序为密集的总状花序，包含 3 ～ 7 朵花，花序长 4 ～ 8cm，侧生于二年生枝条的节上。花序轴和细长的花梗密被星状毛，花梗长 3 ～ 17mm。花为两性，大致下垂，除花柱外，大部分被星状毛覆盖。每个花序基部的 1 ～ 3 朵花由叶状苞片托着，苞片具有 1 ～ 2mm 长的叶柄，叶片长 2.5 ～ 5cm，基部圆形至近心形。最上面的花可能有小的披针形苞片附着在花梗上，很少无苞片。萼片 5 ～ 7 裂，裂片呈三角形，长 1 ～ 2mm，基部宽度为 0.8 ～ 1mm。花冠为白色，深 6 ～ 7 裂，裂片覆瓦状排列，呈长椭圆形，长 7 ～ 8mm，宽 2 ～ 3mm，顶端弯曲。雄蕊 12 ～ 14 枚，不等长，自由部分长度为 5 ～ 6mm；花丝弯曲且略呈弧形，基部连合。花药为长椭圆形，纵裂，连接处短而突出。子房为下位，3 室；每室含有 4 ～ 8 个胚珠，呈双列排列。花柱顶端细长，光滑，长 5 ～ 8mm；柱头不明显三裂。花期 3 ～ 4 月。

果实不开裂，呈纺锤形，灰棕色，干燥时表面有 6 ～ 12 裂，长 1.5 ～ 2cm，直径 3 ～ 4mm。果实基部渐尖，顶端细尖，具有喙，喙长 0.5 ～ 1cm。外果皮薄，稀疏覆盖星状毛；中果皮未发育；内果皮薄且骨质。种子单一，长约 1cm，种皮光滑。结果花梗长 0.5 ～ 2cm（图 2-3）。

图 2-3　细果秤锤树
拍摄时间 2024.05.11—2024.07.10

细果秤锤树的果实较小，直径为 3 ～ 4mm，干燥时 6 ～ 12 裂，且中果皮不增厚也不呈肉质。

细果秤锤树是《中国植物志》上没有记载的种，分布在浙江临安和建德。临安居群较小，只有不到 30 株。建德居群较大，大约有 600 株，沿着一条沟谷分布，海拔高度为 25～200m，大部分细果秤锤树分布在阴坡，成熟的种子被鸟类食用。建德居群自身更新较好，但是人类砍伐非常严重，使得居群急剧减小。从发现至今，居群已由原来的 1000 多株下降到目前的 600 多株。

六、怀化秤锤树

怀化秤锤树为落叶性灌木，可生长至 4m 高。树干上具有分枝的刺，胸高处直径为 2.5～5cm，树皮光滑，呈灰棕色。当年生枝条为绿色，覆盖有稀疏的星状毛；二年生枝条则为红棕色，表面光滑，具有纵向条纹，树皮呈垂直开裂并有脱落现象。芽被有圆形的绿色鳞片，这些鳞片密布星状毛。

叶片为单叶互生，纸质，叶柄长度为 3～5mm。叶片呈椭圆形至长椭圆形，长 6～11cm，宽 2.5～6cm。叶顶端渐尖或锐尖，基部圆形或有时为楔形。叶片边缘具有远处腺体状细齿，中脉两侧各有 7～9 条侧脉。新叶在背面和腹面的脉上稀疏覆盖星状毛，随着叶片成熟逐渐变得光滑，腹面具有明显且紧密的网状纹理，背面则更为光滑且呈现出有光泽的绿色。

花序为疏松的总状花序，通常有 2～5 朵花，花序长 4～8cm，侧生于二年生枝条的节上。花序轴和细长的花梗均覆盖星状毛，花梗在关节处的长度为 0.8～3.5cm（有时达 4cm）。花朵长度为 1.2～1.5cm，两性，呈下垂状，大部分有星状毛。每个花序基部的 1～2 朵花由叶状苞片托着；苞片具有 1～2mm（有时达 4mm）长的叶柄，叶片长度为 1.5～4cm（有时达 5.5cm），基部圆形，近心形或宽楔形。最上面的花可能有小的披针形苞片附着在花梗上，但很少无苞片。花萼密布星状毛，有 5～7 个三角形裂片，裂片长度为 0.8～1.5mm，基部宽度为 0.5～1mm。花冠为白色，深 5 或 6 裂，裂片覆瓦状排列，呈椭圆形或长椭圆形，长度为 9～12mm，宽度为 5～6mm。雄蕊直立，10～12 枚，不等长，长度为 8～10mm；花丝弯曲，略呈弧形，基部短时连合，并覆盖有星状毛；花药为长椭圆形，纵裂。子房为下位，4 室；胚珠轴生，每个室内有 8 个胚珠，双列排列，其中大部分通常不发育；花柱顶端细长，光滑，长度为 9～11mm；柱头不明显三裂。花期为 3～4 月。

果实不开裂，椭圆形，红棕色，长 2.5～3.5cm，直径为 1.6～2cm，顶端圆锥形锐尖或钝，具有短喙，长 0.5～0.7cm，基部圆形。外果皮薄，很少有星状毛；中果皮肉质，增厚至 5 ～ 6mm，干燥时起皱，呈软木状，质地软或硬；内果皮骨质，横截面呈 6 ～ 12 角形。种子单一，长约 1.5cm，种皮光滑。结果花梗长度为 1.5 ～ 3cm（图 2-4）。

图 2-4　怀化秤锤树果实发育过程
2024.05.11—2024.07.21 拍摄于龙感湖国家级自然保护区，每隔 10 天拍摄一次

怀化秤锤树与肉果秤锤树在肉质果实上有相似之处，但可以通过较小的花（怀化秤锤树花为 1.2 ～ 1.5cm 长）和其椭圆形的果实来区分。肉果秤锤树是一种树，具有较大的花（1.5 ～ 2cm 长）和卵形长椭圆形或近球形的果实。

怀化秤锤树是一个新发表的种，分布于湖南怀化贺家田，调查只发现一个不超过 30 株的小居群。近年修建怀化至贵州铁路，对当地生态环境破坏极大，进而威胁到当地物种的生存，所以怀化秤锤树从发现起就处于濒危状态。

七、黄梅秤锤树

黄梅秤锤树为落叶性乔木，高度为 3 ～ 4m。树干具有分枝的刺，直径可达 10cm。树皮特征为纵向开裂并呈现脱落状态，颜色为灰棕色。当年生枝条呈现绿色，并且密被星状毛；二年生枝条转变为黑棕色，表面光滑并具有纵向条纹。冬芽裸露，覆盖有深褐色的密生星状毛。

叶片为单叶，互生，纸质，叶柄长度为 2 ～ 3mm。在开花枝基部的叶片呈卵形，而其他叶片则为宽卵形、窄卵形。所有叶片长度在 5 ～ 12cm 之间，宽度在 2 ～ 6cm 之间，顶端渐尖，边缘具有锯齿。叶片的次级脉有 8 ～ 10 条，背面沿脉和正面脉上稀疏分布有星状毛，随着叶片成熟，这些毛逐渐脱落，使得叶片表面变得光滑。

花序总状，含 4 ～ 6 朵花；花梗长 2 ～ 2.5cm，呈下垂状，稀疏覆盖有星状短柔毛。萼片 5 ～ 7 裂，常 6 裂，裂片呈三角形，基部宽度为 1 ～ 1.2mm，高度为 0.9 ～ 1.2mm，表面密被星状毛。花冠白色，深 5 ～ 7 裂，裂片覆瓦状排列，宽卵形，长度为 10 ～ 12mm，宽度为 9 ～ 10mm，顶端微尖。雄蕊 10 ～ 12 枚，着生花冠基部，长于花冠裂片，花丝直立，长 3.5 ～ 4mm，稀疏分布有星状毛。花药呈长椭圆形，连接处短而发达。子房为下位，3 室，每室内有 6 ～ 8 个胚珠，呈两列排列，胎座为轴生。花柱丝状，长 7 ～ 8mm，柱头通常不明显三裂。

果实呈卵形，包括一个短而乳头状的喙，整体灰棕色，直径为 16 ～ 18mm。喙的长度为 3 ～ 4mm。外果皮厚度约为 1mm，表面密生小瘤点。中果皮海绵状，厚度约为 4mm。内果皮为木质。种子 1 ～ 2 粒，种皮光滑，胚乳肉质（图 2-5）。

图 2-5　黄梅秤锤树果实发育过程

拍摄时间 2024.05.11—2024.07.21，每隔 10 天拍摄一次

花期 3 ～ 4 月，果期 10 ～ 11 月。

作为 2007 年新发现的中国特有珍稀种，仅见于模式产地龙感湖国家级自然保护区内的下新镇钱林村，新种生长在龙感湖附近的山坡上，与栓皮栎、黄杨、三尖杉、枫香树、繁缕等植物共生。黄梅秤锤树被发现时仅有 200 余株，被列为濒危状态。龙感湖国家级自然保护区管理局通过建设黄梅秤锤树示范园、完善苗圃等多种途径进行保护。

八、长果安息香

1981 年，祁承经在 *Acta Phytotaxonomica Sinica* 上将长果秤锤树作为秤锤树属的一个物种发表。1995 年，陈涛以其茎秆无刺等特征与秤锤树属其他种类作为区分，将其独立为长果安息香属（*Changiostyrax*），并改定名为长果安息香（*Changiostyrax dolichocarpus*）。长果安息香为乔木，高度可达 10 ～ 12m，胸径范围在 12 ～ 14cm，树皮平滑且不开裂。当年生小枝呈现红褐色，而二年生小枝则为暗褐色，表面具有明显的纵条纹。冬芽细小，呈圆锥状卵形，被有灰褐色的星状柔毛。

叶片薄纸质，形态多样，包括卵状长圆形、椭圆形或卵状披针形，长 8 ～ 13cm，宽 3.5 ～ 4.8cm。叶顶端渐尖，基部宽楔形或圆形，边缘具有细锯齿。叶上面除中脉疏生星状柔毛外，其余部分无毛；叶下面疏生长柔毛，特别是在脉腋间毛被较密。侧脉每边 8 ～ 10 条，伴有第三级小脉形成网状，网脉在叶上面平坦，在叶下面隆起。叶柄长 4 ～ 7mm，上面有沟槽，疏被灰色星状长柔毛。

总状聚伞花序生于侧生小枝上，通常有 5 ～ 6 朵花。花梗长 1.4 ～ 2cm，被灰色绵毛状长柔毛覆盖。花萼呈陀螺形，长约 2.5mm，顶端截平，同样被灰色绵毛状长柔毛。花冠 4 深裂，裂片为椭圆状长圆形，长 4 ～ 14mm，宽 5 ～ 7mm，外面被长柔毛，花蕾时裂片呈覆瓦状排列。雄蕊 8 枚，长 7 ～ 10mm，花丝线形，下部宽扁并连合成管。花药长圆形，纵裂。花柱钻形，长 6 ～ 8mm，柱头不分裂。子房 4 室，每室含有 8 颗胚珠，排成两行，通常部分胚珠不发育。

果实倒圆锥形，连喙长 4.2 ～ 7.5cm，中部宽 8 ～ 11mm，具有 8 条纵脊，面密被灰褐色长柔毛和极短的星状毛。喙长渐尖，长 26 ～ 35mm，下部渐狭延伸成柄状。果梗纤细，长 1.5 ～ 2cm，疏生短柔毛，顶端具关节，果实常自关节上脱落。外果皮与木栓质的中果皮合生，内果皮木质，坚硬，4 室，每室含种子 1 颗。种子线状长圆形，长约 1cm，直径约 2mm。

花期 4 月，果期 6 月。

模式标本采自湖南石门，生于山地水溪边。

第二节

秤锤树属的系统发育

中国特有属秤锤树属最可能的起源地是中国中南部地区，包括现在的湖北、安徽、江苏、浙江、江西、广东等地。随后，秤锤树属从这个区域迁移到了湖南省和四川省。秤锤树属的 7 个物种表型类似，常基于果实表型进行区分。形态学研究表明，从河南和江苏两个不同区域采集的秤锤树果实形态变异较大，表明秤锤树具有较强的环境可塑性。类似的表型变异现象在黄梅秤锤树、肉果秤锤树、怀化秤锤树、狭果秤锤树中也有发现。

一、基于 *trnL* / *rbcL* / ITS 的系统发育分析

1. 植物材料

Fritsch 等（2001）选用白辛树（*Pterostyrax psilophyllus*）作为外类群，对长果安息香、细果秤锤树、怀化秤锤树、肉果秤锤树、秤锤树、狭果秤锤树、黄梅秤锤树 7 个秤锤属植物进行了分析。

2. 分子标记信息

分子标记 *rps4*、*rps5*、*trns*、*trnS-trnG*、*trnS*（GCU）、*trnG*（UCC）、*atpB-rbcL*、*psbA-trnH*、*trnHR*、*psbAF*、*trnL* intron、*trnL*-c、*trnL*-d、*trnL*-e、*trnL*-f、ITS、ITS4、ITS5p 等在秤锤树属基因组中扩增效果较好，扩增结果用于秤锤树属系统发育分析（表 2-1）。

表2-1　用于秤锤树属系统发育分析的分子标记（姚小洪，2006）

引物	序列信息	引物	序列信息
rps5	5′-ATGTCCCGTTATCGAGGACCT-3′	*trnG*(UCC)	5′-GAACGAATCACACTTTTACCAC-3′
trns	5′-TACCGAGGGTTCGAATC-3′	*trnS*(GCU)	5′-GCCGCTTTAGTCCACTCAGC-3′

引物	序列信息	引物	序列信息
trnHR	5′-CGCGCATGGTGGATTCACAAATC-3′	*atpB-rbcL*	5′-ACATCKARTACKGGACCAATAA-3′
psbAF	5′-GTTATGCATGAACGTAATGCTC-3′	*psbA-trnH*	5′-AACACCAGCTTTRAATCCAA-3′
trnL-c	5′-CGAAATCGGTAGACGCTACG-3′	*trnL-d*	5′-GGGGATAGAGGGACTTGAAC-3′
trnL-e	5′-GGTTCAAGTCCCTCTATCCC-3′	*trnL-f*	5′-ATTTGAACTGGTGACACGAG-3′
ITS4	5′-TCCTCCGCTTATTGATATGC-3′	ITS5p	5′-GGAAGGAGAAGTCGTAACAAGG-3′

3. 秤锤树属的系统发育关系

采用 PAUP*4.0（系统发育分析软件）的最大简约法和最大似然法对秤锤树属进行系统发育分析。最大简约性分析选择分支限界法（branch and bound search），对所有核苷酸位置的碱基性状进行同等加权处理，序列长度多态造成的空位在数据统计中按照缺失处理，不参与运算。采用 Modeltest 3.06 软件获得最佳 HKY 替代模型，根据 HKY 序列进化模式进行最大似然性分析，选择分支限界法搜寻 1000 次，碱基频率为数据估算，转换和颠换比为 2。使用 Bootstrap 分析，检验简约树中各分支的支持率，重复次数设置为 1000。利用 PAUP*4.0 的分区一致性检验（partition-homogeneity test，PHT）程序采用启发式搜索，评估叶绿体 *psbA-trnH*、核 ITS 片段（核糖体内转录间隔区）基因系统树之间的拓扑结构一致性，重复 1000 次。确定来自不同样本的 DNA 片段构建的系统发育树间不存在显著冲突时，整合数据进行系统发育分析。根据 Nei（1978）的遗传距离进行非加权组平均法（UPGMA）聚类分析。

7 个秤锤属植物扩增的 ITS 区（含 5.8S rDNA）序列长度范围为 633 ～ 637bp，ITS 区全序列排序后的长度为 640bp，不同个体间存在 62 个变异位点，其中 22 个为系统发育的关键信息位点。扩增的叶绿体 *rps4* 基因片段长度变化范围为 888 ～ 896bp，对位排列后长度为 902bp，共有 48 个变异位点，仅 1 个含系统发育信息位点。扩增的 *trnS-trnG* 基因间隔区片段长度为 712 ～ 728bp，对位排列后长度为 743bp，包含 84 个变异位点，仅仅含有 4 个系统发育信息位点。扩增的 *atpB-rbcL* 基因间隔区片段长度为 843 ～ 879bp，对位排列后长度 885bp，共含有 42 个变异位点，仅 2 个含系统发育信息的变异位点。扩增的 *trnL* 基因间隔区片段长度为 506 ～ 509bp，对位排列后片段长度为 509bp，共含有 6 个变异位点，2 个系统发育信息位点。扩增的 *psbA-trnH* 基因间隔区片段长度为 177 ～ 421bp，对位排列后片段长度为 435bp，包含 81 个变异位点，含有 26 个含系统发育信息的变异位点（表 2-2）。

表2-2　不同DNA片段的序列特征（姚小洪，2006）

基因位点	比对长度 /bp	序列长度范围 /bp	变化率 /%	信息率 /%	G+C 含量均值 /%
rps4	902	888 ～ 896	48	1	36.0
trnS-trnG	743	712 ～ 728	84	4	38.1
atpB-rbcL	885	843 ～ 879	42	2	30.1
psbA-trnH	435	177 ～ 421	81	26	29.2
trnL intron	509	506 ～ 509	6	2	33.0
ITS	640	633 ～ 637	62	22	65.1

所扩增的 ITS 区（含 5.8S rDNA）、*rps4*、*trnS-trnG*、*atpB-rbcL*、*trnL*、*psbA-trnH* 等序列的平均 GC 含量变化范围为 29.2% ～ 65.1%。最大似然法与最大简约法（MP）获得的拓扑结构类似，差别是支持率略有不同。通过 PHT 检验，对 *psbA-trnH* 和 ITS 组合序列进行分析，发现 *psbA-trnH* 和 ITS 构建的系统发育树之间不存在冲突。序列数据合并后，得到秤锤树属植物的 2434 棵最大简约树，步长为 470（CI=0.93，RI=0.82）。基本的拓扑结构与基于 ITS 序列或 *psbA-trnH* 序列单独构建的 MP 树拓扑结构相似，但分支的支持率有一定程度的提高。严格一致树中，除长果安息香外，其他秤锤树属植物全部聚在一起，支持率达到 100%（图 2-6）。

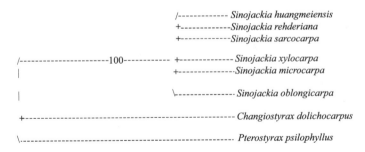

图 2-6　基于 rDNA 和叶绿体 DNA 联合分析获得的最大简约树中的严格一致树
（姚小洪，2006）
分支上的数字代表 bootstrap 支持率大于 50%

秤锤树属种间分化时间较晚。长果安息香（长果安息香属）在形态上与其他秤锤树差别很大，组成了一个单独的分支，分支支持率高达 100%。长果安息香是乔木，高 15m，直径 50cm，叶卵状披针形，顶端渐尖，边缘细锯齿，花冠 4 深裂，雄蕊 8 枚与花柱等长，果实倒圆锥形，密被灰褐色柔毛和极短星状毛。因此，从分子水平和形态水平上都支持长果安息香升为一个新属。

狭果秤锤树和秤锤树形成一个分支，与怀化秤锤树、肉果秤锤树、黄梅秤锤树形成一个分支，两个分支形成姐妹群。秤锤树与狭果秤锤树亲缘关系相近，支持率高达 84%，此两个种杂交可以产生有活力的种子，与秤锤树、狭果秤锤树杂交实验结果吻合，二者亲缘关系近，与 Fritsch 等（2001）基于形态特征构建的系统发育树结果吻合。黄梅秤锤树花较小，花瓣呈阔椭圆形，密被柔毛，果实为较小的卵圆形，喙比较短。黄梅秤锤树与怀化秤锤树、肉果秤锤树聚在一起，支持率仅 62%，构成小分支组成姐妹群（图 2-7）。

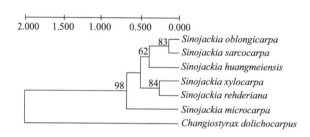

图 2-7　基于 Nei 遗传距离构建的秤锤树属 7 个种 UPGMA 聚类树（姚小洪，2006）
分支上的数字代表分支 bootstrap 支持率大于 50%

拓扑结构揭示了怀化秤锤树与肉果秤锤树互为姐妹种，支持率为 83%。怀化秤锤树花和果实的形态在肉果秤锤树的花和果实形态变异的范围内，两个种的形态差异是由不同分布地的环境条件差异造成的，因此罗利群等（2005）将怀化秤锤树处理为肉果秤锤树的一个新异名，即怀化秤锤树是肉果秤锤树在湖南怀化分布的一个新发现的居群。细果秤锤树的果实最小且没有中果皮，果实成熟后果面具 6～12 条棱，与其他种区别相对较大，其只分布在浙江省，是浙江省分布的唯一的秤锤树种。细果秤锤树处于分支基部，其他种构成另一个分支，而且支持率高达 98%。

二、基于 DNA 序列和微卫星标记的秤锤树属系统发育

1. 植物材料

利用秤锤树属的黄梅秤锤树、细果秤锤树、怀化秤锤树、狭果秤锤

树、肉果秤锤树、秤锤树，长果安息香属的长果安息香，以及近源属物种大歧序安息香（*Bruinsmia styracoides*）、北美银钟花（*Halesia carolina*）、二翅银钟花（*Halesia diptera*）、银钟花（*Perkinsiodendron macgregorii*）、陀螺果（*Melliodendron xylocarpum*）、小叶白辛树（*Pterostyrax corymbosus*）、日本白辛树（*Decavenia hispida*）、白辛树和木瓜红（*Rehderodendron macrocarpum*）来进行系统发育分析和系统树构建。

2. 分了标记

按照 Yao 等（2006）描述的方法，利用 Sx11、Sx15、Sx40、Sx101、Sx112、Sx116 和 Sx154 等位点进行分析。通过高分辨率聚丙烯酰胺凝胶电泳和银染技术，确定等位基因大小。结合特定的引物对核糖体 DNA 的 ITS 区域和叶绿体基因间隔区进行 PCR 扩增（表 2-3）。

表2-3 用于系统发育分析的SSR标记（Yao et al.，2010）

位点	重复基序	引物	退火温度/℃	片段大小范围/bp
Sx11	(TC) 19	F: AGCTGTGTCCCTACCCCTTT R: AGTGACAACAGCCCATGACA	56	201～223
Sx15	(GA) 7 (CA) 13	F: GGCTTGTAAGTGGACGCAAT R: TTGATTTGTGCCCCTCTTTC	56	279～291
Sx40	(GT) 9 (GA) 12	F: CTGTGGTCTCGGTCAATGTG R: TTTTTCTGTTCGTGGAACTTT	56	269～273
Sx101	(TC) 10 (CA) 9	F: GCTTCTCACCTCTCCACGAC R: AAATCCAATGACGGTCGGTA	56	163～179
Sx112	(CT) 11 (CA) 21	F: GCAGCAGTAACTGGAGAGGA R: CCATGAGAGCCTCCATCAAT	56	256～306
Sx116	(TC) 9 (AC) 15	F: ATGCCTCTATGACCGTCGTT R: TGGGTCAATTCAACTTCCCTA	56	268～278
Sx154	(AC) 15	F: GCTTTCTTGGGTGCATCTTC R: GTCATGAGGCCTCGATTGTT	56	244～256

3. 系统发育分析

采用 UPGMA 聚类分析揭示秤锤树属内及与其他近源物种间的系统发育关系。使用最大简约性方法推断最佳树，采用 PAUP*4.0 软件进行分析。基于 ITS 和

psbA-trnH 数据的最大简约法分析产生了 4127 棵最大简约树，这些树的严格一致树显示，长果安息香位于一个包含大多数安息香科属的分支中（图 2-8）。多变量分析表明，长果安息香个体间形态变异很小，与安息香科其他属存在明显的形态分离。主成分坐标分析进一步揭示了除长果安息香外的六种秤锤树属物种个体间存在较高的形态相似性。秤锤树属的其他物种则形成了 100% 支持率的分支。

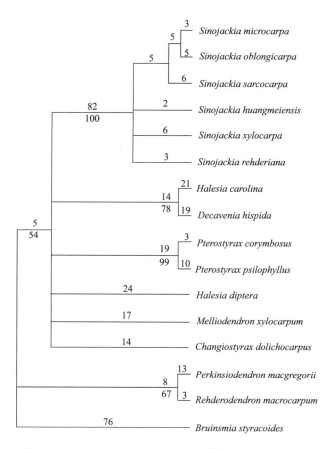

图 2-8　基于 ITS 和 SSR 序列联合分析的秤锤树属系统发育（Yao, 2008）

基于 7 个微卫星位点对 96 株秤锤树属植物的微卫星数据的 UPGMA 树状图中，长果安息香的所有个体首先分离出来，形成一个独立的簇。细果秤锤树形成第二个分支，但与其他秤锤树属物种的距离比与长果安息香的距离更近。棱果秤锤树、狭果秤锤树、秤锤树、肉果秤锤树、怀化秤锤树、黄梅秤锤树等其余秤锤树属物种的个体混杂在一起，没有明显的分类模式，可能与该属内物种间形态差异较小有关。秤锤树属内的物种间存在较低的形态分化，仅在花朵

　珍稀濒危植物黄梅秤锤树研究与保护

大小、花瓣形状和果实大小及形状上有所区别。

三、基于 rDNA-ITS 分子系统发育学研究

1. 植物材料和基因信息

以肉果秤锤树为材料 PCR 扩增 rDNA-ITS 序列。从 GenBank 获取狭果秤锤树、细果秤锤树、黄梅秤锤树、秤锤树、怀化秤锤树的 rDNA-ITS 序列。

2. 序列比对分析

利用 CLUSTALX 1.83 软件进行多重序列比对，并采用 Mega 5.03 软件计算遗传距离。比对这六种秤锤树属的 rDNA-ITS 序列，识别出了 18 个变异序列位点，可能代表了进化过程中积累的遗传差异。秤锤树属植物的 rDNA-ITS 序列展现出高度的保守性，为进一步探讨其遗传关系提供了稳定的基础。在序列同源性比对中，肉果秤锤树与秤锤树、黄梅秤锤树、狭果秤锤树、怀化秤锤树及细果秤锤树等 5 个近源种之间的同源性均保持在极高水平，具体数值分别为 99.84%、99.06%、98.74%、99.21% 和 98.59%，亲缘关系非常相近。

遗传距离分析结果显示肉果秤锤树与秤锤树之间的遗传距离最小，仅为 0.002；肉果秤锤树与细果秤锤树之间的遗传距离相对较大，达到了 0.014。基于 rDNA-ITS 序列构建邻接法（NJ）系统进化树，秤锤树属植物在进化树上紧密地聚集在一起，表明其具有共同的祖先，进化过程中经历了相似的历程。秤锤树属植物与安息香科北美银钟花属的北美银钟花表现出较近的进化关系，可能存在生态或遗传上的相关性（图 2-9）。

在演化历程中，秤锤树属植物分化为两个主要的进化支系。一支支系包括了狭果秤锤树、细果秤锤树和黄梅秤锤树，另一支则涵盖了肉果秤锤树、秤锤树、怀化秤锤树。在这些物种中，肉果秤锤树与秤锤树在遗传进化上关系最为紧密，它们共同位于同一分支上，进一步证实了它们之间的亲缘关系。相比之下，秤锤树属植物与猕猴桃科植物、忍冬科忍冬以及茄科欧布特斯烟草等的关系则显得非常疏远，这反映了它们在进化历程中的显著分化（图 2-9）。

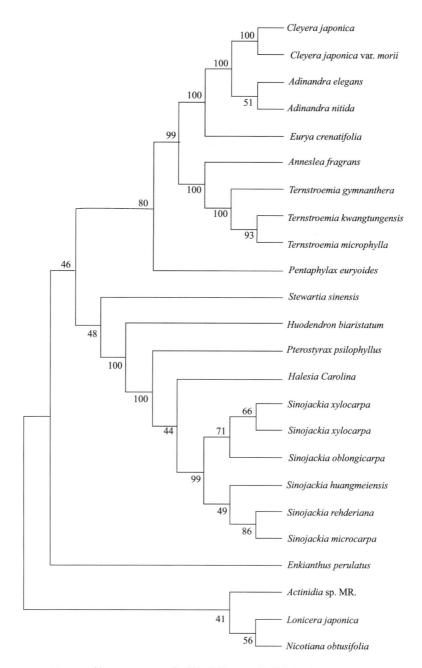

图 2-9　基于 rDNA-ITS 序列构建的 NJ 系统进化树（Yao，2008）
各分支旁数值为 1000 次 bootstrap 检验后的置信度值

四、基于黄梅秤锤树叶绿体基因组的系统进化分析

黄梅秤锤树野生居群个体数量极少，其生境地受雨季旱季湖岸带的影响，且这些个体易受岸边农田、池塘的人为干扰，生存状况极受关注。方元平教授课题组通过生物信息学分析了黄梅秤锤树的叶绿体基因组，为有效开发利用极小种群提供了理论参考。黄梅秤锤树的叶绿体基因组特征和密码子偏好性特征可为安息香科物种的适应性、DNA条形码分子标记、系统演化、叶绿体基因工程研究提供参考。

1. 黄梅秤锤树叶绿体测序情况

从位于中国湖北省黄梅县下新镇钱林村的黄梅秤锤树上采集幼苗，迅速将其存储在 -80℃的冰箱中，采用经过优化的十六烷基三甲基溴化铵法（CTAB）方法提取高质量的总基因组 DNA。构建文库，利用先进的 Illumina Hiseq 2500 测序平台，对提取的总基因组 DNA 进行深度测序。组装得到 158758bp 且 GC 含量为 37.7% 的基因组数据，与已发表的安息香科叶绿体基因组大小（158～160kb）一致。黄梅秤锤树叶绿体基因组包含一对长 26090bp 的反向重复区（IRA、IRB）、一个 18555bp 的小单拷贝区（SSC）、一个 88023bp 的大单拷贝区（LSC），是典型的四体结构，且 IRs 区、LSC 区、SSC 区的 GC 含量分别为 43.0%、35.2% 和 30.5%。黄梅秤锤树叶绿体基因组 IRs 区的 GC 含量最高，与大多数叶绿体基因组序列一致。

叶绿体是植物细胞内大小为 107～218kb 的环状基因组，可以通过光合作用为植物提供必要的能量。相比较细胞核基因组，叶绿体基因组的结构、基因含量、排列顺序相对稳定。叶绿体基因工程可避免花粉逃逸等生物安全问题，同时也能得到大量转基因纯合后代。黄梅秤锤树叶绿体基因组编码 129 个基因，包括 84 个蛋白质编码基因、37 个 tRNA 基因、8 个 rRNA 基因。使用 OGDraw 在线工具绘制基因组图谱，并将其上传到美国国立生物技术信息中心（national center for biotechnology information，NCBI），登录号为 NC_047297。

2. 黄梅秤锤树叶绿体基因组的密码子组成

构成蛋白质的 20 多种常见氨基酸，除了甲硫氨酸和色氨酸外，剩余的 18 个氨基酸都有 2 个或 2 个以上的密码子编码。在构成肽链的过程中，各氨基酸同义

密码子的使用频率是不均等的，体现了密码子使用的偏好性。密码子偏好性是物种的基因在长期适应环境的过程中受自然选择、遗传漂移等多因素综合影响的结果。对物种内密码子使用模式和影响因素的分析有助于物种亲缘关系的解析。

剔除叶绿体基因组小于300bp的蛋白编码序列后，获得53个基因序列，使用 CodonW 1.4.2 统计 GC 值、ENC 值、RSCU 值等参数。黄梅秤锤树叶绿体基因组密码子大多表现出较弱的偏好性，基于相对同义密码子的使用度（relative synonymous codon usage，RSCU）分析，黄梅秤锤树叶绿体基因组有30个密码子的RSCU值大于1，其中有96.7%的密码子以A/T结尾。具体来看，以A结尾的密码子有13个，以T结尾的密码子有16个。黄梅秤锤树叶绿体基因组更倾向于使用结尾为A和T的密码子作为偏好密码子，而以C和G结尾的密码子作为非偏好密码子。

黄梅秤锤树叶绿体基因所有密码子的平均GC含量为37.59%，密码子三个不同位置的GC含量差异较大：表现为 $GC_1 > GC_2 > GC_3$。基于中性分析，GC_{12}（第一位和第二位密码子GC含量的平均值）与 GC_3 之间没有明显的相关性，即黄梅秤锤树的密码子偏好性主要受自然选择的影响。

有效密码子数（effective number of codon，ENC）是用来衡量基因密码子偏好程度的指标，其理论取值范围（ENC_{exp}）为21～60。基因无偏好性地使用各密码子时，其 ENC 值为61；当基因仅偏好性地使用同义密码子中的某一个时，ENC 值为20；因此常以 ENC_{exp} 值35为参考来判断偏好性强弱。黄梅秤锤树叶绿体中各个基因的有效密码子值（ENC_{obs}）范围为35.19～55.62，表明其基因密码子偏好性较弱，所有基因的 ENC_{obs} 值均高于偏好性标准（ENC_{exp}=35），总 ENC_{obs} 平均值为46.39，且大部分 ENC 值大于45。

对碱基组成和实测有效密码子数（ENC_{obs}）的相关性分析中，整体GC含量（GC_{all}）与 GC_1、GC_{all} 与 GC_2、GC_{all} 与 GC_3、GC_1 与 GC_2 都呈极显著的相关性，但 GC_1 与 GC_3、GC_2 与 GC_3 之间没有明显相关性，表明黄梅秤锤树叶绿体蛋白质编码基因的密码子第一位和第二位碱基组成相似，与第三位碱基组成显著差异。ENC_{obs} 与密码子第三位的 GC_3 极显著相关，即密码子第三位上的碱基组成对黄梅秤锤树叶绿体蛋白质编码基因的密码子偏好性贡献最大。

黄梅秤锤树的各个蛋白质编码基因的密码子 GC_{12} 值为0.3212～0.5504，GC_3 值为0.2014～0.4173，GC_{12} 与 GC_3 的决定系数为0.0231，即 GC_{12} 的变化仅是由 GC_3 的2.31%变化贡献的，GC_{12} 与 GC_3 两者的变化无明显相关性。黄梅秤锤树叶绿体基因组基因的第一位、第二位与第三位碱基的组成不同，随机突变对密码子的偏性形成作用不大，而选择、漂变等因素可能对密码子的偏性影响更大。

利用 PR2-plot 绘图分析探讨密码子第三位碱基 A（A_3）与 T（T_3）、C（C_3）与 G（G_3）之间的关系，发现大部分基因的散点分布在图的下半部，且偏向多在右下部，这 4 种碱基在密码子第三位中分布不均。中性突变理论认为如果密码子偏好性只受基因突变影响，则 4 种碱基的使用频率将相等。散点图中显示 $A_3 > T_3$ 且 $G_3 > C_3$，即黄梅秤锤树叶绿体基因组的基因密码子以 A 和 G 结尾的居多，这一结果表明，叶绿体密码子的使用除了受到自然突变的影响，还受到其他因素的影响。

3. 叶绿体基因组内的微卫星情况

使用 REPuter 在线软件分析叶绿体基因组的重复结构，参数设定 Maximum Repeats 为 50，Minimal Repeat Size 为 8。在黄梅秤锤树叶绿体基因组内，重复类型有 F（正向重复）、P（回文重复）、R（反向重复）、C（互补重复）四种，比例分别为 26.53%、24.49%、42.86%、6.12%。在四种重复结构中，主要是存在于长单拷贝区域（LSC）的正向重复、回文重复、反向重复三种重复结构，可能与光系统Ⅰ（psa）和光系统Ⅱ（psb）有关基因主要分布于 LSC 区有关。

按照默认设置，使用 MISA perl 脚本分析黄梅秤锤树叶绿体基因组内的 SSR 位点，共检测到 43 个 SSR 位点，各类型 SSR 的重复数目差异较大。单核苷酸重复共 40 个，大部分为 A/T，占该类型的 97.5%。二核苷酸重复有 2 个，包括 1 个 AT 和 1 个 TA 重复。仅发现（AAT）$_n$ 一个三核苷酸重复基序。在 43 个 SSR 中，A、T、AT 和 TA 占了 95.35%，与其他物种中叶绿体基因组的碱基组成 A/T 含量偏高相符。黄梅秤锤树叶绿体基因组中的重复序列类型以 A/T 为主，与叶绿体基因组本身的 GC 含量偏低情况一致，也与重复结构（F/P/R/C）全部集中分布于 LSC 区一致。黄梅秤锤树叶绿体基因组具有较高的相对保守性，LSC 区域相比 IR 区域表现出更多的多样性。

4. 系统发育分析

通过黄梅秤锤树与其他安息香科物种的完整叶绿体基因组序列比较，利用以猪血木（*Euryodendron excelsum*，NC_039178）为外群的 1000 个引导重复的 RAxML 版本 8 程序进行最大似然分析，构建了系统发育树。结果表明，所有已发表的秤锤树属质体组被明确地归入了一个支系，且这一支系的系统发育关系与先前的研究高度一致（图 2-10）。尤为重要的是，研究表明黄梅秤锤树与肉果秤锤树在系统发育上最为接近，这为理解这两个物种之间的亲缘关系提供了新的遗传学证据。

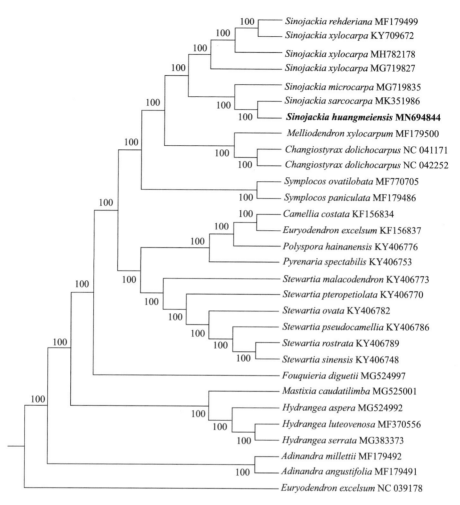

图 2-10　基于完整叶绿体基因组的黄梅秤锤树最大似然系统发育树（Dong et al.，2020）

五、基于怀化秤锤树叶绿体基因组的系统进化分析

1. 植物材料

从湖南怀化市（27.6563°E，109.8705°N）的 3 株怀化秤锤树上采集新鲜叶片，硅胶保存后 −80℃冷冻。采用 CTAB 法提取基因组 DNA，构建文库并在 Illumina NovaSeq 测序平台上 150bp 双向测序。

2. 基因叶绿体基因组的系统发育分析

对高通量测序获得的原始测序数据进行过滤、组装后利用 GetOrganelle v1.7.5 软件进行分析。采用 Bandage 软件验证环的边界完整性。采用 OGDRAW 软件绘制怀化秤锤树叶绿体基因组图谱。NCBI 下载其他近源种的叶绿体基因组，进行比较基因组分析。采用 MAFFT 软件进行多重序列比较分析，从而鉴定热点区域，计算核苷酸多态性。采用 mVISTA 软件并基于 shuffle-LAGAN 模型进行系统发育分析。采用最大似然法构建系统进化树。结合化石资料，采用 BEAST v2.6.3 软件对秤锤树属物种的分化时间进行统计。结合 IQTREE 和 PastML 进行溯祖分析。

3. 秤锤树属物种的叶绿体基因组特征

像其他高等被子植物一样，秤锤树属物种的叶绿体基因组呈现出典型的环状结构，包含反向重复区（IR）、小单拷贝区（SSC）、大单拷贝区（LSC）等。怀化秤锤树叶绿体基因组为 158737bp，其中 LSC 区、SSC 区、IR 区的长度分别为 87995bp、18562bp、26090bp。秤锤树、肉果秤锤树、狭果秤锤树、细果秤锤树等四个种的叶绿体基因组分别为 158737bp、158760bp、158739bp、158758bp。秤锤树属物种叶绿体基因组极度相似，大小变异在 35bp 的范围内。LSC 区最小的是怀化秤锤树（87955bp），最大的是黄梅秤锤树（88023bp）。SSC 区最小的是秤锤树（18551bp），最大的是狭果秤锤树（18586bp）。怀化秤锤树、秤锤树、肉果秤锤树、黄梅秤锤树的 IR 区均为 26090bp，而狭果秤锤树的 IR 区为 26100bp。基因组成和基因数量在几个物种中是一样的，113 个基因含有 79 个蛋白质编码基因、30 个 tRNA 基因、4 个 rRNA 基因。基因 *ndhB*、*rpl2*、*rpl23*、*rps7*、*ycf2*、*ycf15* 等均含有 2 个拷贝，GC 含量均为 37.3%。

基于叶绿体基因组的比较组学分析发现，秤锤树属物种间相似度高、保守性强。微小的变异集中在非编码区域，如 *atpA-atpF*、*trnT*-GUU-*psbD*、*ycf15*-*trnL*-CAA 等区域；少量存在于蛋白质编码区，如 *rpl32* 和 *ycf1* 基因内。核苷酸多样性（Pi）值变化范围为 0 ～ 0.01。与 LSC 区和 IR 区相比，SSC 区的核苷酸多样性更高。*rpl32* 和 *rpl32-trnL* 基因内的核酸多样性值分别为 0.01 和 0.009。基于 Neutral-Plot、ENC-Plot、PR2-Plot 等分析，秤锤树属的物种具有相似的密码子使用情况，ENC 值变化范围为 21 ～ 60，大部分密码子的 ENC 值大于 35，密码子偏好性较弱，自然选择压力是秤锤树属物种密码子使用频率和偏好性的主要影响因素。突变压力为密码子的使用频率贡献了 15.6%。

基于叶绿体基因组序列构建的系统发育树，支持度高达 90% 以上。系统发育分析结果支持秤锤树作为一个单系群，与白辛树属亲缘关系近。秤锤树属分为 Clade A 和 Clade B 两个分支：Clade A 包含细果秤锤树、肉果秤锤树、黄梅秤锤树；Clade B 包含秤锤树、狭果秤锤树、怀化秤锤树。在 Clade A 内，肉果秤锤树作为黄梅秤锤树的姊妹群被聚在一起（bootstrap 值为 100%），然后再与细果秤锤树聚在一起，构成了系统发育树中的一个分支。在 Clade B 内，秤锤树和狭果秤锤树因亲缘关系近聚在一支，再与怀化秤锤树一起构成系统发育树另一分支（图 2-11）。

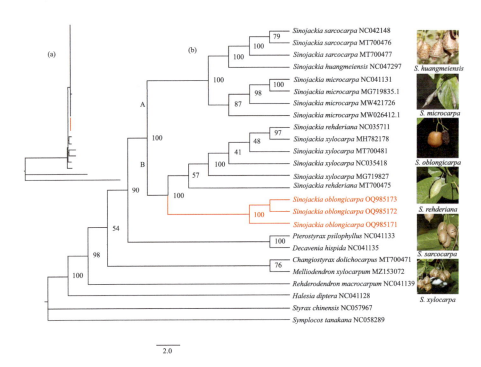

图 2-11　基于全质体基因组序列的秤锤树属最大似然（ML）系统发育树（a）
和分支图（b）（Jian et al.，2024）

基于 IQTREE 软件构建系统发育树，分析秤锤树属物种的果型进化。秤锤树属果实的祖先状态是中果皮木质化，如秤锤树和狭果秤锤树的果实，中果皮发育不完全，并产生了肉质化果实。中果皮海绵状可能来源于肉质。肉质果实的产生可能是秤锤树属物种平行进化的结果。秤锤树属和白辛树属等近缘属的分歧发生在中新世的早期。秤锤树属 Clade A 和 Clade B 的分歧发生在约 14.50Ma。肉果秤锤树和黄梅秤锤树与细果秤锤树的分歧发生在约 9.44Ma。细果秤锤树的多元化变异发生在 5.04Ma。怀化秤锤树出现在 5.57Ma（图 2-12）。

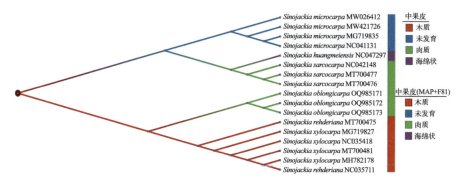

图 2-12　秤锤树属果实祖先状态推测（Jian et al., 2024）

秤锤树属的物种多样性和地理分布受到古气候和地质事件的显著影响。秤锤树属起源于早中新世的中国东南部，包括现在的湖北省、安徽省、江苏省、浙江省、江西省和广东省。随着亚洲季风气候的发展和东亚植物区系的演变，秤锤树属从中心分布区向湖南省和四川省等周边地区迁移（图2-13）。在整个

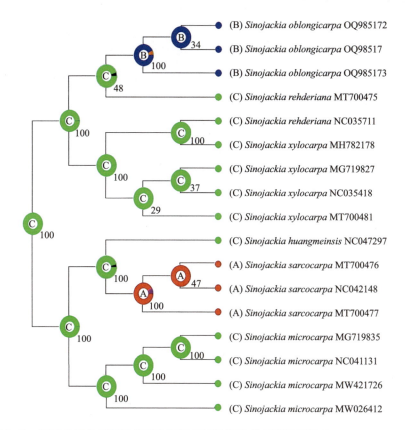

图 2-13　基于全质体基因组序列的秤锤树属的祖先的可能起源地（Jian et al., 2024）

进化过程中，未发生秤锤树属物种的灭绝事件。冰期 - 间冰期的气候变化可能为秤锤树属的物种提供了小规模扩张的有利条件。这些发现不仅丰富了人们对该属物种进化和生物地理学的理解，也为在生境破坏和气候变化威胁背景下制定有效的保护措施提供了科学依据。

第三章

黄梅秤锤树的种群与群落结构

黄梅秤锤树生境的孤立性，加上人为干扰和环境变化造成的生境破坏，导致其难以与外界进行有效的基因交流。黄梅秤锤树作为珍稀保护植物的极小种群代表，研究其种群、群落特征，监测生境变化，预测动态模型有助于深入理解极小种群的生态需求、濒危原因、种群的生存能力和发展态势，从而为制定有效的保护策略提供科学依据。适应性研究关注植物对不同环境条件的响应和适应能力，因此解析不同生态因子对黄梅秤锤树各个生活史阶段的作用，有助于揭示极小种群野生植物的致危生理生态机制。

本章从种群和群落的角度，论述黄梅秤锤树的生态位、种群结构、年龄及性别组成和更新状况，探索黄梅秤锤树的自然更新困难和屏障，有助于开展针对性保育工作。

第一节
黄梅秤锤树的种群特征

一、种群数量变化

种群动态是种群在群落中数量变化的综合体现，常采用种群的空间分布格局、种群的年龄结构、种群静态生命表、存活曲线进行表述。种群的年龄结构分为增长型、衰退型、稳定型三种。黄梅秤锤树野生居群内幼体少、老年个体多，呈现衰退型。种群静态生命表和存活曲线能够反映种群生活史的死亡规律和生命期望，为种群保护提供依据。

黄梅秤锤树原生林曾拥有超过 1000 株的野生种群，到 2007 年存活的成年树有 22 株（胸径 5 ～ 12cm，树高 4 ～ 7m），林下有幼树 200 余株，其中仅 10 多株能够正常开花结果。树龄 30 年左右、胸径 14 ～ 16cm、树高 10m 左右的黄梅秤锤树遭白蚁危害，主干已全部死亡，但根蘖能力较强，萌生的幼树生长良好。面对这一严峻形势，当地政府采取了一系列保护措施，并组织野生植物技术人员对白蚁进行治理，同时定期派遣人员巡查林区，为黄梅秤锤树提供了更适宜的生长环境，有效保护了这一世界濒危物种。由此，黄梅秤锤树的种群数量逐渐稳定并开始恢复。

2009 年，阮咏梅等以一个片段化样地（160m×80m）内孤立居群为研究对象，统计了 433 份样本，并对居群内 60 株能开花的成年个体、175 株高于 1m 的幼树、198 株低于 1m 的幼苗全部进行了定位，揭示了黄梅秤锤树在该区域内的分布特征和种群结构，为后续的保护和管理提供了基础数据。通过对成年个体、幼树和幼苗的详细调查，研究人员能够评估种群的年龄结构和更新潜力，这对于理解种群的长期生存和繁衍至关重要。

罗梦婵等（2016）调查共发现 456 株（丛）黄梅秤锤树，基部分枝共有 1678 个，种群格局为集群分布。最大基径 5 ～ 15cm 的植株有 26 株（丛），平均高度为 3m。样地中最大的一株黄梅秤锤树从基部起共有分枝 61 个，最大主干基径为 14.7cm，高度为 7m；基径 1 ～ 5cm 的分枝有 29 个；基径在 1cm 以下的分枝有 31 个。

2017 年，黄梅秤锤树共发现了 501 株，幼苗和幼树占据了大多数，其中胸径大于 1cm 的个体有 193 株，幼苗有 308 株。样地中黄梅秤锤树的幼苗和萌蘖个体数较多，产生萌蘖的个体 123 株，萌蘖个体为 356 株，种群通过种子繁殖和萌蘖两种方式正常进行自然更新。双策略的繁殖模式增加了黄梅秤锤树种群应对环境变化的灵活性。黄梅秤锤树的种群结构呈现出明显的多世代共存特征，径级结构呈倒 "J" 型或偏倒 "J" 型，原生林种群正处于一个健康增长的态势，种群更新情况良好。大量的幼树和幼苗是黄梅秤锤树种群繁衍的基石。然而，年轻的植株在成长过程中可能会面临更多的竞争和环境压力，更需要加强保护。

2021 年，黄梅秤锤树总共有 591 株，其中胸径 ≥ 1cm 的个体有 235 株，幼苗有 356 株，产生萌蘖的个体有 168 株，萌蘖个体有 607 株。与 2017 年第一次调查数据相比，黄梅秤锤树总个体数量增加 90 株，胸径 ≥ 1cm 的个体增加 42 株，幼苗数量增加 48 株，产生萌蘖的个体增加 45 株，萌蘖个体增加 251 株。

利用单变量和双变量成对关联函数（the pair-correlation function）$g(r)$ 研究黄梅秤锤树新增个体和死亡个体的空间分布格局，以及黄梅秤锤树存活个体与新增个体和死亡个体之间的关联性。2017 ～ 2021 年期间，黄梅秤锤树死亡 106 株，新增幼苗 196 株，死亡率 21.15%，补员率 39.12%。此外，有 17 株黄梅秤锤树的主干枯死，且大树居多，其中最大一株主干枯死植株的胸径有 14.39cm，萌蘖枝条代替了原来的主干。在 2017 ～ 2021 年就地保护的 4 年中，黄梅秤锤树野生种群所有个体的平均胸径增加了 0.02cm，平均胸高断面积增加了 0.07m²/ha，存活个体的平均胸径生长量为 0.72cm，存活幼苗的平均高度生长量为 0.85m。

黄梅秤锤树的成树和幼苗、幼树和幼苗在小尺度上呈负关联性，但在大尺度上关联性不显著。黄梅秤锤树的成树和幼树在整体上关联性不显著。黄梅秤锤树的萌蘖现象非常明显，萌蘖数与母株胸径具有极显著的正相关性（$R^2 = 0.330$，$P < 0.001$）。萌蘖率与相对幼苗密度具有极显著的负相关性（$R^2 = 0.438$，$P < 0.001$）。在资源有限的情况下，萌蘖和实生苗之间的更新存在权衡关系。

二、种群生理特征

1. 叶片性状

王世彤等（2020）研究了湖边、种群中心、耕地边 3 种微生境中黄梅秤锤树的叶片功能性状，发现微地形、水位波动、土壤环境条件的差异导致黄梅秤锤树对 3 种生境的适应策略不同。黄梅秤锤树通过对多种性状之间的权衡，调整多个性状来适应生境条件。中心区域黄梅秤锤树的叶长、叶面积、比叶面积显著高于湖边，而耕地边植株与湖边区域没有显著差异。湖边黄梅秤锤树的叶片氮（N）元素含量显著高于中心区域和耕地边的植株，中心区域和耕地边的植株叶片 N 元素没有显著差异。叶宽、叶片长宽比、叶干物质含量、叶碳（C）含量、叶磷（P）含量等指标在 3 种微生境的黄梅秤锤树间没有显著性差异。湖边的黄梅秤锤树叶片 N：P 显著高于中心区域和耕地边，而 C：N 显著小于中心区域和耕地边，N：P 和 C：N 在中心区域和耕地边没有显著性差异。比较 3 种微生境中的黄梅秤锤树发现，叶片中 C：P 没有显著性差异。

黄梅秤锤树叶片功能性状的总体变异程度在 0.02 ～ 0.28 之间，其中叶片 C 含量和 N 含量在湖边和中心区域的种内变异程度显著较低，即 3 种生境中湖边和中心区域黄梅秤锤树种群的稳定性相对较差。湖边的黄梅秤锤树主要通过增加叶 N 含量促进生长。中心区域黄梅秤锤树主要通过增加叶面积和比叶面积，进一步提高叶 N 的利用效率，从而提高光捕获能力促进生长。耕地边黄梅秤锤树的叶 N 含量和叶面积、比叶面积都处于中等水平。3 种微生境中的黄梅秤锤树通过性状之间的共同作用使植株生长达到最佳水平。

2. 果实性状

刘梦婷等（2018）对野生种群中 10 株成年个体和迁地保护 3 株个体的黄梅秤锤树果实进行采集。t 检验结果表示迁地保护种群的果实长度、宽度、长宽比均显著高于野生种群（$P < 0.05$），果实重量也略高于野生种群，差异不

显著。贝叶斯方差分析与 t 检验结果一致，二者的 95% 置信区间没有重叠。迁地保护种群的果实重量略大于野生种群，二者的 95% 置信区间有重叠，二者差异不显著。迁地保护种群的果实长度和宽度的种内变异程度均显著高于野生种群，果实长宽比和重量的种内变异程度在 2 个种群间没有显著差异。

野生种群的果实锰（Mn）和铝（Al）元素含量显著高于迁地保护种群，而镍（Ni）、铁（Fe）和铜（Cu）元素含量低于迁地保护种群。C、N、P、钾（K）、钙（Ca）、镁（Mg）、硼（B）、锌（Zn）、钼（Mo）等元素的含量在迁地种群和野生种群产生的果实间无显著差异。

3. 种子性状

刘梦婷等（2018）研究得出，野生种群和迁地保护种群中有种子的果实比例分别为 0.88%±0.06% 和 0.94%±0.06%，差异不显著。果实一般含有 1～2 颗种子，大部分果实不含种子。含 2 颗种子的果实比例在野生种群和迁地保护种群中分别为 0.13%±0.04% 和 0.22%±0.11%，差异不显著。

Wei 等（2018）比较了淹水个体和未淹水个体的种子性状。与未淹水个体的种子相比，淹水个体的种子长度、宽度和质量均较小。种子中 C、K、Ca、Mg、Al、Fe、Ni、B、Mo、Cu 等元素无显著差异。有毒元素（如 Mn 等）以及核酸蛋白质中元素（如 N 和 P）和酶中元素（如 Zn）在种子中积累，即黄梅秤锤树可通过改变种子形态特征和元素浓度来应对极端降水诱发的淹水情况。

第二节
黄梅秤锤树的群落结构

一、群落组成特征

黄梅秤锤树群落是一个以麻栎为建群种和优势种的落叶阔叶林，具有较高的物种多样性。群落中样地内共记录到胸径＞1cm 的木本植物 1225 株，隶属于 21 科 28 属 31 种，属、种占优势的科包括大戟科（3 属 3 种）、豆科（2 属 2 种）、马鞭草科（2 属 2 种）、桑科（2 属 2 种）、榆科（2 属 2 种）、樟科（2 属 2 种）、山矾科（1 属 3 种）和壳斗科（1 属 2 种），其他科均仅有 1 属 1 种。

小径木（胸径＜7.5cm）所含物种数量最多，有 29 种，占比为 67.18%，表明群落更新良好。中径木（7.5cm≤胸径＜22.5cm）有 17 种，占比 18.12%。大径木（胸径≥22.5cm）所含物种数量最少，有 10 种，占比 14.70%。重要值≥1% 的物种共 17 种，包括麻栎、枸骨、朴树、黄梅秤锤树、枫香树、槲栎、野桐、黄连木、大青、樟、山胡椒、乌桕、日本白檀、华山矾、柿、榆、牡荆等，占据了群落总相对密度和相对胸高断面积的 95.18% 和 98.06%，相对频度之和是 87.7%，重要值之和为 93.64%。黄梅秤锤树群落物种组成结构相对比较稳定，群落优势种为麻栎、枸骨、朴树、黄梅秤锤树，此四个物种的相对密度之和为 63.51%，相对优势度之和为 79.62%，是调查样地中的主要组成物种。

麻栎共 212 株，平均胸径最大（24.18cm），相对优势度达到 55.38%，在群落组成中占有绝对优势，径级结构呈单峰型，个体主要集中在中径木和大径木，小径木数量相对较少，是建群种和优势种，为衰退型种群。枸骨、朴树、黄梅秤锤树的径级结构呈倒"J"型或偏倒"J"型，种群更新良好。

枸骨在群落中的相对密度最大，但胸高断面积比麻栎要小很多，主要位于群落的灌木层，是该样地的亚优势种，最小径级（＜2.5cm）个体数量相对较多，但个体数量最大值出现在 2.5 ～ 7.5cm 的径级范围。

黄梅秤锤树相对优势度为 1.20%，在灌木层占优势，胸径＞6.0cm 的植株仅有 10 株，大多数个体的胸径＜5cm，小径木数量多，是群落中的主要组成树种之一，在小尺度上呈聚集分布，在大尺度上呈随机或均匀分布。

朴树的种群数量特征与黄梅秤锤树类似，数量很多但多以小径木形式存在，是群落的主要组成树种。

黄梅秤锤树与其他 3 个优势种在空间上主要呈负关联性，物种之间存在空间竞争。高比例的小径木和普遍的种间负关联表明该群落处于演替的早中期，物种组成和群落结构还未达到稳定阶段。枫香树、槲栎、柿、黄连木、乌桕等物种个体数量都不超过 100 株，平均胸径分别为 16.00cm、15.82cm、11.69cm、9.74cm 和 8.91cm。

二、黄梅秤锤树与伴生物种的关系

1. 种间关系

黄梅秤锤树在样地的东南部聚集程度大；朴树在样地西北部聚集明显；麻

栎和枸骨数量较多，在整个样地中广泛分布。在样地内，朴树、麻栎、枸骨等3个优势种与黄梅秤锤树之间竞争激烈，在空间上相互排斥。在黄梅秤锤树集中分布的区域，其他物种分布相对较少。黄梅秤锤树在 0～22m 尺度上呈聚集分布，23～24m 尺度上呈随机分布，25～30m 尺度上呈均匀分布，与麻栎在 0～26m 尺度上呈负关联，在其余研究尺度上无关联。黄梅秤锤树与枸骨在 0～21m 尺度上呈负关联，在 23～30m 尺度上呈正关联。黄梅秤锤树与朴树在所有研究尺度上呈负关联。黄梅秤锤树相对幼苗密度与样方内所有物种的个体数或者胸高断面积之和呈现负相关，但不显著（$P > 0.05$）。萌蘖率与样方内所有物种的个体数或者胸高断面积之和也呈现负相关，也不显著（$P > 0.05$）。

2. 种内关系

在不同生长阶段，黄梅秤锤树对光照和空间资源的需求差异显著，因此不同径级的植株对资源抢夺有差异。黄梅秤锤树成树和幼苗仅在 0～1m 尺度上呈负相关。幼树和幼苗在 0～2m 和 4m 尺度上呈负相关，在 15m 和 17m 尺度上呈正相关，其他尺度上无关联。成树和幼树在 14m 尺度上呈负相关，其他尺度上无关联。黄梅秤锤树的萌蘖数与母株胸径具有极显著的正相关性（$P < 0.001$），母株胸径越大，萌蘖数越多，其萌蘖率与相对幼苗密度具有极显著的负相关性（$P < 0.001$）。黄梅秤锤树所处的植物群落处于演替的早中期，群落结构表现出较强的更新能力和独特的空间分布特征，物种组成和群落结构还未达到稳定阶段。

第三节
黄梅秤锤树近缘种群落组成特征

一、狭果秤锤树群落组成特征

赣北九江市永修县的狭果秤锤树群落径级结构呈倒"J"型，群落中幼龄个体较多、老龄个体较少，处于群落的演替早期阶段。群落物种组成丰富，乔木层有 27 科 33 属 40 种（亚种），共 1637 株树木，灌木层有 33 种植物，草本层有 24 种（亚种）植物。垂直结构复杂，群落的更新状态良好。狭果秤锤树群落的垂直结构由乔木层、亚乔木层和乔木下层组成，亚乔木层和乔木下层在数量上占优势。乔木层主要由樟和紫弹树（*Celtis biondii*）构成；亚乔木层以落叶树种为主；乔木下层则由狭果秤锤树等小乔木和灌木构成。群落中1cm≤胸径＜5cm的乔木种类有1302株，占总株数的79.5%，胸径＞5cm植株数量较少。狭果秤锤树是群落中重要值最大的物种，其次是樟、紫弹树、尾叶冬青（*Ilex wilsonii*）、瓜木（*Alangium platanifolium*）、紫金牛（*Ardisia japonica*）。狭果秤锤树群落具有较多分布在小径级处的更新苗，大径级的植株较少，表明群落正在向更成熟的阶段发展。群落的林冠层以樟和紫弹树为优势种，但是此两种植物的更新苗数量较少，物种更新状态不佳。

在安徽泾县、广东乳源瑶族自治县、湖南祁东县灵官镇等分布地的群落中，还发现了枫香树、山胡椒、山矾（*Symplocos sumuntia*）、山槐（*Albizia kalkora*）等伴生物种。

二、细果秤锤树群落组成特征

在浙江临安和建德的细果秤锤树的自然集中分布区，种群年龄结构总体呈衰退型，幼年树死亡率较高，而中年树到老年树过渡阶段适应力增强。Ⅰ～Ⅲ龄级个体数量占调查总体的31.63%，而Ⅳ～Ⅶ龄级个体数之和占总数的61.30%，显示出纺锤形结构，其中中龄级所占比例较大。细果秤锤树的种群存活曲线属于 Deevey-Ⅲ型，种群具有前期锐减的动态特征，早期死亡率高，幼龄个体更新不良，种群更新受阻；中、老年树占优势，增加了种群的衰退风险。细果秤锤树种群结构总体波动大，抗外界干扰能力较弱，环境对个体的选择作用较强。

群落中乔木种类丰富，包括27科33属40种（亚种）的1637株树木。狭果秤锤树、瓜木的重要值较高，在群落中占有重要地位，其他伴生树种包括樟、紫弹树、尾叶冬青、木荷（*Schima superba*）、栓皮栎（*Quercus variabilis*）、三尖杉（*Cephalotaxus fortunei*）等。灌木层和草本层中也有多种伴生植物，如青灰叶下珠（*Phyllanthus glaucus*）、栀子（*Gardenia jasminoides*）和芦苇（*Phragmites australis*）等。

三、其他秤锤树植物群落组成特征

在南京幕府山的秤锤树群落中，秤锤树的伴生种包括黄连木、麻栎、白栎

（*Quercus fabri*）、八角枫（*Alangium chinense*）和山槐等。

湖南怀化贺家田的怀化秤锤树群落中，怀化秤锤树的伴生种包括木荷、栲（*Castanopsis fargesii*）、青冈（*Cyclobalanopsis glauca*）、三尖杉。

四川乐山乌尤山的肉果秤锤树群落中，肉果秤锤树的伴生种包括润楠（*Machilus nanmu*）、青冈、枹栎（*Quercus serrata*）、黄杞（*Engelhardia roxburghiana*）、灯台树（*Cornus controversa*）、慈竹（*Bambusa emeiensis*）、山矾等。

长果安息香野生居群的伴生种包括黑壳楠（*Lindera megaphylla*）、红果黄肉楠（*Actinodaphne cupularis*）、木荷、青冈、栲。

第四章

黄梅秤锤树的群落区系特征

黄梅秤锤树所在的秤锤树属植物是生态系统的关键组成部分，其不仅为多种生物提供了食物和栖息地，还参与了水土保持、传粉、种子扩散等生态过程，对维持生态平衡起到了重要作用。秤锤树属物种对特定气候和地形条件依赖性很强，如特定的土壤类型、湿度条件、光照水平，这些生境往往也是其他特有或濒危物种的聚集地。秤锤树属物种的分布变化可作为环境退化的指标。秤锤树的群落区系特征是研究特定历史时期气候条件、解析地质历史变迁事件、揭示地球环境演变规律的重要材料，利于监测环境变化和评估生态退化，对识别生物多样性热点地区和理解生物多样性的维持机制意义重大，对保障秤锤树属植物以及其他物种的生存和繁衍，维护生态系统的健康和稳定具有不可替代的作用。

　　生境片段化和栖息地破坏是植物种群数量下降的主要原因，在全球气候变化和人类活动影响加剧的背景下，通过监测秤锤树属物种的分布和种群状况，评估环境退化程度，预测未来环境变化对生物多样性的潜在影响，有利于采取相应的保护措施，如建立自然保护区、实施栖息地恢复计划、制定物种保护行动计划等，以保护这些区域的生物多样性免受威胁，对于生态学和保护生物学具有指导意义。

第一节
秤锤树属群落区系分布和特征

一、秤锤树属植物群落区系分布范围

　　秤锤树属植物的分布区域集中在中国亚热带湿润地区。综合历史分布、标本采集地、人工繁育和野外回归情况，秤锤树属植物资源主要分布地区包括河南、安徽、江苏、湖北、湖南、四川、浙江、江西和广东等地。

二、秤锤树属植物分布区气候特征

　　亚热带地区位于温带与热带之间，包括山地、丘陵和平原等多种地形。亚热带地区夏季高温潮湿，冬季温和干燥，年平均气温在 15～25℃之间。季风

气候较为普遍，导致有明显的季节性降水变化，年降水量在 1000 ～ 2000mm 之间。中亚热带地区包括江南丘陵山地和云贵高原等地，日平均气温 ≥ 10℃ 超过 240 天。南亚热带地区如南岭以南至云南南部，日平均气温 ≥ 10℃超过 285 天。温度和降水模式的变化可能影响秤锤树属的物种分布、生长周期以及所处生态系统的组成和整体功能，也可能导致狭窄区域分布的秤锤树属物种孤立种群的迁移甚至消失。

三、秤锤树属植物分布区的区系特征

1. 区系成分复杂，物种丰富度高

中亚热带地区是不同生物地理区的交汇处，包含泛热带、热带亚洲、北温带、东亚等多种区系成分（表 4-1）。亚热带地区处于多种气候带的交汇地带，既有热带成分的渗透，也有温带成分的延伸，这里气候温暖湿润，雨量充沛，为植物生长提供了优越的条件，孕育了丰富的植物种类。亚热带中部山地垂直带反映了我国南北气候过渡区的地带性植被特征，融合了来自不同地理起源的植物种类，复杂性高。相比于寒带和温带地区，亚热带地区的植物物种数量明显更多，此外，亚热带地区的植物对气候波动也更为敏感。

中亚热带地区，尤其是武夷山和八大公山自然保护区，是珍稀濒危物种的重要庇护所。在武夷山的中亚热带常绿阔叶林样地中，热带性质的科占总科数的 68.58%，属占 58.83%，即热带成分在该地区植物群落中具显著地位。武夷山样地中已记录的维管植物种类繁多，达到 68 科 135 属 232 种，其中包括 4 种国家 II 级重点保护野生植物和 72 种中国特有物种，甜槠（*Castanopsis eyrei*）、马银花、鹿角杜鹃等树种占据明显的优势地位，其中甜槠的相对胸高断面积达到了 64.93%。在车八岭 20hm² 森林监测样地中，广义热带种的数量达到了 170 个，隶属于 95 个属，包括多种珍稀濒危物种，凸显了生态系统的复杂性和稳定性。

亚热带地区常绿阔叶林占优势，其次是落叶阔叶林。常绿阔叶林由四季常绿的阔叶树种组成，树木高大茂密，林冠层次分明，形成了独特的森林景观，优势树种包括壳斗科（Fagaceae）的青冈属（*Cyclobalanopsis*）、锥属（*Castanopsis*）、柯属（*Lithocarpus*），樟科（Lauraceae）的桂属（*Cinnamomum*）、楠属（*Phoebe*），山茶科（Theaceae）的木荷属（*Schima*）等。特有植物较多，

表4-1　中亚热带地区4个样地植被群落区系特征

样地名称	面积/hm²	典型成分	调查时间	物种丰富度	群落特征
湖南八大公山样地	25	中亚热带北缘，山地常绿落叶阔叶林	2010—2011	53科14属238种	植物区系以泛热带分布科（24.50%）和北温带分布属（24.56%）占优势。包含9种珍稀濒危植物。落叶树144种，常绿树94种。优势科包括壳斗科、杜鹃花科（Ericaceae）、樟科和山茶科；其中乔木层优势树种为多脉青冈和光叶水青冈，亚乔木层、灌木层优势种为长蕊杜鹃和黄丹木姜子，灌木层优势种为短柱柃和薄叶山矾。主要优势树种的径级结构呈倒"J"型。地处良好更新与正常生长状态
广东车八岭国家级自然保护区	20	中亚热带森林生态系统，热带向温带过渡的森林生态系统	2017	64科140属230种	前8个物种的独立个体占总数的50%，其中米槠个体数最多；样地内单种属有112个，占总属数的80%。样地群落中的230个物种中，有5个物种属于世界分布种，170个义热带种，51个义温带种
浙江开化古田山国家级自然保护区	20	中亚热带常绿阔叶林	2006	47科76属97种	以常绿树种为主，热带成分分较多，在热带的水平上有58个热带分布，34个义温带种。有明显的优势稀有种和大量稀有种，稀有种占总物种数优势。甜槠、木荷和马尾松（Pinus massoniana）在群落木本植物中占有主要优势。木本植物由林冠层、亚乔木层和灌木层组成，群落更新良好"J"型
福建武夷山样地	9.6	中亚热带常绿阔叶林样地	2013	维管植物68科135属232种，乔木层胸径≥1cm的植物有44科86属171种	热带性质的科和属分别占总科数和总属数的68.58%和58.83%，显示出热带特征。珍稀濒危植物分较多，包括4种国家II级重点保护野生植物，2种CITES濒危物种，I种CITES附录II物种以及72种中国特有物种。稀有树种29种，占总树种数的16.96%。重要值最大的科是壳斗科和山茶科，毛锥、米槠甜槠和黄杞（Altaropsis roxburghiana）的重要值较大，但没有明显的优势种。整体径级分布呈倒"J"型

注：CITES为《濒危野生动植物种国际贸易公约》。

甚至还保留了银杏（*Ginkgo biloba*）、水杉（*Metasequoia glyptostroboides*）等古老子遗植物。此类区系的物种进化出独特的适应性状，如革质的叶片可以减少水分蒸发，四季常绿，可全年进行光合作用。落叶阔叶林通常分布在海拔较高、气候较为凉爽的地区，与常绿阔叶林形成交错分布的格局。落叶阔叶林的树种会在冬季落叶，以减少水分蒸发和抵御寒冷，例如壳斗科的栎属（*Quercus*）、无患子科的槭属（*Acer*）等。落叶阔叶林的季相变化十分明显，春季新叶萌发，夏季枝繁叶茂，秋季叶片变色，冬季落叶休眠，景观资源丰富。

2. 垂直地带性明显，垂直结构复杂

从低海拔到高海拔，亚热带山区的植被类型依次为常绿阔叶林、落叶阔叶林、针叶林、高山草甸等。亚热带森林通常有明显的垂直结构，包括乔木层、亚乔木层、灌木层、草本层，每层都有特定的植物种类和动物群落，形成了复杂的生态互动网络，能提高对阳光的利用效率。例如，在红灵山的亚热带常绿阔叶林中，垂直结构的复杂性表现得尤为明显：乔木层的物种丰富度较高，包括壳斗科、山矾科、山茶科、樟科和杜鹃花科等主要树种，乔木层密度为 $2583 \sim 5383$ 株 /hm²，生物量为 $2.42×10^5 \sim 4.26×10^5$ kg/hm²，显示出群落的生产力和生物多样性；亚乔木层的存在增加了群落的层次性，为林下生物提供了更多的生态位；灌木层中，八月竹、山矾和中华木荷等物种占据了优势，这些物种的盖度和生物量对群落的结构和功能有着重要影响；草本层的物种丰富度较高，包括了峨眉双蝴蝶、短药沿阶草、活血丹和顶芽狗脊等物种，草本层的存在不仅丰富了群落的物种多样性，还为森林生态系统提供了重要的生态功能。此垂直地带性主要是由气候因素，特别是光照、温度、降水的变化所导致的，垂直结构的复杂性不仅为生物多样性提供了丰富的生境，也为森林生态系统的稳定性和生态服务功能提供了重要支持。

3. 优势物种不明显

植物群落中优势种和亚优势种在群落中的分布和作用，对维持生物多样性、生态系统功能和生态过程具有重要意义。然而，在物种丰富的中亚热带植物群落中，某些样地并没有一个显著主导整个群落的优势种。例如，在武夷山样地中，米槠（*Castanopsis carlesii*）、毛锥（*Castanopsis fordii*）、甜槠等物种的重要值较大，但没有一个物种在群落中占据绝对优势。古田山中亚热带常绿阔叶林群落组成结构在空间上具有很大的变异性，这种空间变异性可能与扩

散、竞争、干扰等生态学过程密切相关，从而导致物种组成和群落结构的空间变化。研究这些物种的作用及群落的空间结构对生物多样性保护和生态系统管理具有重要意义。

4. 人为干扰频繁，次生林广泛存在

亚热带地区的植物群落区系以其丰富的物种多样性、复杂的区系成分、常绿阔叶林与落叶阔叶林交错分布、古老孑遗植物及特有植物广泛分布以及显著的垂直地带性为特征，展现了该地区植物群落在长期演化与环境适应中的独特成果。亚热带植物群落受到人为干扰的影响深刻且多维度：农业扩展和城市化导致大片原始森林被开垦或开发，原生态系统的完整性遭到破坏，特有种和珍稀物种面临灭绝风险；过度伐木和资源掠夺性采集改变了森林结构，次生林的物种组成和生态功能与原始林差异显著，往往缺乏老龄树种和复杂的生态位；人类活动引入了外来物种，甚至成为入侵种，竞争资源，压制本地植物生长，进一步改变群落结构和功能；土壤退化和水资源污染等环境化直接影响植物的生长和繁殖，间接影响依赖植物的动物群落；气候变化作为人类活动的结果，增加了物种迁移难度和适应压力，某些植物群落可能无法及时适应快速变化的环境条件，长期可能导致生态系统的不可逆退化。因此，亚热带地区生态保护与修复工作遭遇了前所未有的挑战。

第二节
黄梅秤锤树区系特征

一、区系分布特征

黄梅秤锤树分布在黄梅县下新镇，处于华中植物区系中亚热带常绿阔叶林湿润地带，属于江东丘陵平原植被。黄梅秤锤树所处的中亚热带地区植物群落的区系成分在地理分布上多样性显著，包括世界广布种、泛热带分布种、东亚及热带美洲间断分布种等，这反映了中亚热带地区在地球生物地理上的过渡性质，作为热带植物区系向温带区系过渡的桥梁，同时也是多种生物群落和生态系统的交汇点。特别是泛热带分布区类型的科在中亚热带常绿阔叶林植物区系中占据了重要比例。

黄梅秤锤树所处植物群落的区系成分具有明显的热带性质，热带成分在科和属的水平上占据主导地位。在属的水平上，泛热带分布属和热带亚洲分布属是两大主要分布区类型。在种的水平上，中国特有成分占据了绝对优势，并且与中南半岛植物区系有着密切的亲缘关系。此外，黄梅秤锤树所处的中亚热带地区的植物群落还表现出从热带向温带过渡的特征，在植物群落的多样性和群落结构空间分布上也呈现出明显的变化，这种空间变异性可能与生态学过程如扩散、竞争、干扰等因素有关。

二、区系群落特征

黄梅秤锤树所处的中亚热带地区因其独特的地理位置和气候条件，形成了热带与温带植物群落共存的过渡带，该地区生物多样性高、复杂性强，对碳储存、水源涵养、生物多样性保护等具有不可忽视的作用，并为研究生物群落的演变、物种的适应性和生态位分化等生态学问题提供了重要的科学价值。热带性质的科和属占有一定比例，且热带科属的比例相对较高，可能与该地区历史上的气候变迁、当前的气候条件、土壤特性和地形地貌等因素密切相关。在黄梅秤锤树所处的中亚热带丘陵平原植被群落中，乔木、灌木、藤本、草本等多种生活型植物，为各种野生动物提供了栖息地和食物来源。一定比例的常绿树种能够全年保持绿叶适应该地区温暖湿润的气候，有助于维持水土和提供生态服务。

优势种通常是群落中数量最多或生物量最大的物种，可以通过多种方式影响群落的结构和功能，如通过竞争、捕食、互利共生等相互作用方式影响其他物种的生存和繁衍。此外，优势种还有助于定义群落的生态特征，如生产力、营养循环和微气候。然而，在黄梅秤锤树所处的亚热带地区，由于植物群落中植物种类极其丰富，优势种的优势程度可能并不十分突出，亚优势种的作用可能有所增强，对群落的小气候、土壤以及活动在群落区域的动物也能够产生较大的影响。

三、垂直结构特征

黄梅秤锤树所处的中亚热带植物群落具有明显的垂直结构，从乔木层、亚乔木层、灌木层到草本层，不同层次的物种组成和丰富度各异，形成了独特的生态系统。乔木层是群落中最高的层次，主要由高大的树木组成，构成了森林的主要骨架，不仅提供了森林的主体结构，还为林下植物和动物提供了必要的遮蔽和栖息地。乔木层的密度和生物量是衡量群落健康状况的重要指标。亚乔木层位于乔木层之下，通常由较小的树木和一些高大的灌木组成，在结构上起到了连接乔木层和灌木层的作用，同时也为群落提供了额外的生物量和多样性。灌木层位于乔木层和亚乔木层之下，由较低的木本植物组成。这些植物在森林生态系统中扮演着重要的角色，它们不仅为地面层提供了额外的覆盖，还为小型动物提供了食物和栖息地。草本层是群落中最低的层次，由草本植物和低矮的灌木组成。这一层的植物直接与土壤接触，对土壤的保持和养分循环起着重要作用。因此，保护和合理利用这些珍贵的自然资源，对于维护生态平衡、保护生物多样性和促进可持续发展具有重要意义。中亚热带地区地形复杂，海拔高度变化较大，地形也对植被分布有显著影响，坡度、朝向和海拔高度等因素决定了土壤湿度和光照条件，从而影响植物的生长，导致植被呈现出明显的垂直分布特征。从低海拔到高海拔，植被类型和群落结构发生明显变化，形成了独特的垂直带谱。

四、径级结构特征

径级结构反映了不同物种的生态位和生活史策略，与群落的演替和恢复过程密切相关，因此对径级结构特征的研究有助于更好地理解森林生态系统的动态变化，以及如何有效保护和管理宝贵的自然资源。中亚热带植物群落中，不同年龄的树木在不同的干扰事件中存活下来，径级结构表现出丰富的多样性，对于维持生态系统的功能和稳定性发挥着较大作用。黄梅秤锤树样地的径级分布整体呈现倒"J"型，中等大小的树木数量较多，极小或者极大的树木数量较少，100年以上的古树只有20多株。上层乔木主要由高大的树木组成，能够获取更多的光照；下层则由较小的乔木和灌木组成，在上层树木的遮蔽下生长。这种分层现象在中亚热带常绿阔叶林中尤为常见，允许更多的物种在有限的空间内共存。

五、空间分布格局

黄梅秤锤树所处的中亚热带森林群落中物种多样性的空间变异特征明显，

其群落的空间分布格局是生境异质性、森林类型、扩散限制、密度制约、随机事件、群落演替阶段、物种生活史特征、人为干扰等多种因素综合作用的结果。生境异质性是由纬度差异引起的，是影响群落物种空间分布格局产生过程的主要因素，纬度较低的群落显示出更强的稳定性。黄梅秤锤树群落中物种的分布模式和群落的空间分布格局表现出尺度依赖性规律，物种的空间分布格局会随着尺度的增大而发生变化。不同程度的人为干扰会导致群落生物量及空间分布格局发生变化，随着人为干扰程度的减弱，黄梅秤锤树群落总生物量呈显著增长，乔木层生物量占绝对优势，而灌木层、草本层和凋落物层生物量占群落总生物量的比例降低。了解分布格局及其形成机制对黄梅秤锤树群落生物多样性的保护和生态系统的管理具有重要的科学和实践意义。

六、土壤营养特征

黄梅秤锤树生境地土壤中，C、N、P、K、Ca、Mg、Mn、Ni、Al、B、Fe、Cu、Zn、Mo 等元素含量较高。随着对黄梅秤锤树极小种群的关注度提高，原生林得到了有效保护，一定程度上恢复了植被，增强了土壤微生物的活性。群落植物多样性指数、群落总生物量、地上部分生物量、根系生物量、凋落物层现存量、凋落物层全氮含量、凋落物层全磷含量、土壤全磷含量、土壤总无机磷含量、土壤总有机磷含量、土壤有效磷含量、土壤可溶性无机磷含量、土壤可溶性有机磷含量、土壤有机碳含量、碳密度、土壤 C/N、土壤 C/P、土壤 N/P 显著提高，土壤质地得到改善，土壤残留磷的含量显著降低。与野生黄梅秤锤树种群相比，迁地种群土壤中钙、锰、镍、铁、铜、锌等元素含量明显提高。

七、人为干扰痕迹明显

黄梅秤锤树所处的中亚热带地区人类活动频繁，改变了植被的自然分布和群落结构，也影响了生态系统的功能。人类活动如农业开发、城市化、林业管理等以及过度的开垦和植被破坏，对丘陵平原植被群落造成了显著影响，导致土壤侵蚀和生物多样性下降，次生林和人工林比例较高。

第五章

黄梅秤锤树保育遗传学研究

居群遗传结构特征会影响物种对微生境变化的适应力、个体的交配格局、种内竞争、后代的适合度，进而影响种群的动态变化和种群的发展潜力。对濒危极小种群黄梅秤锤树的遗传多样性以及遗传结构的认识，将有助于掌握孤立居群的动态变化，为制订保护和管理策略提供参考。

秤锤树属和长果安息香属植物的生态学和保育遗传学研究报道较少。Fritsch 等于 2001 年利用形态差异和分子标记对秤锤树属和长果安息香属植物的 4 个种进行了系统发育研究，涉及物种较少，结果并没有解释清楚两个属植物间的准确亲缘关系。因此，综合多种研究手段对黄梅秤锤树在内的秤锤树属物种的保护遗传学研究非常急迫。

第一节

黄梅秤锤树空间遗传结构特征

龙感湖国家级自然保护区内钱林村年均降水量约 1310.9mm，年平均气温 16.7℃，地势平坦。以该次生阔叶林（29°59′N，116°01′E，海拔约 13m）的片段化孤立居群黄梅秤锤树（面积 160m×80m）为研究对象，发现孤立居群内含有 60 株成年个体（开花且产生果实的植株）、175 株幼树（植株高度大于 1m）、198 株幼苗（株高不超过 1m 且未开花）。样地周边为种植多年的农田（图 5-1）。

基于 8 个微卫星位点检测发现，龙感湖国家级自然保护区内黄梅秤锤树的成年居群、幼树居群、幼苗居群 3 种不同年龄阶段植株的遗传多样性之间无显著差异，居群近交导致出现显著的杂合子缺失。等位基因数目为 7 ～ 17 个，居群遗传多样性较高。

黄梅秤锤树孤立小居群成年个体、幼树到幼苗的观测杂合度（H_o）分别为 0.670、0.642、0.638，期望杂合度（H_e）分别为 0.778、0.775、0.768，总体 H_e（0.772）与近缘种狭果秤锤树的 H_e（0.785）比较接近，高于长果安息香的 H_e（0.643）。遗传多样性逐渐降低，配对 t 检验表明各年龄级之间遗传多样性无显著差异，与其他残存居群的不同生活史阶段存在遗传多样性差异不一致。相比同类型繁育系统的其他物种山姜（*Alpinia japonica*）（H_e=0.413）和厚果檀（*Vouacapoua americana*）（H_e=0.506），龙感湖国家级自然保护区的黄梅秤锤树残存居群维持了较高的遗传多样性水平。阮咏梅等（2012）采用 8 个微卫星位点检测发现，黄梅秤锤树野生居群的遗传多样性还未受到生境片段化的明显影响。种子库作用可能维持自然稀有濒危黄梅秤锤树植物片段化居群较高的遗传多样性。

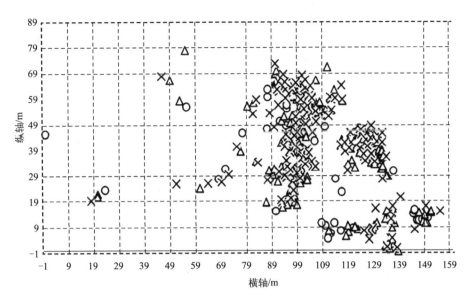

图 5-1　黄梅秤锤树居群（湖北省境内）植株空间分布图（阮咏梅等，2012）
不同形状分别代表 3 个树龄级别：成年个体（○）、幼树（△）、幼苗（×）

黄梅秤锤树孤立居群中成年个体、幼树、幼苗 3 个年龄级别和整体的位点平均近交系数（F_{IS}）显著不同：F_{IS} 在幼树群体最高（0.174），其次是幼苗居群（0.169），成年植株群体内最小（0.143）。从幼苗到幼树阶段，双亲的近交个体在总体上经历了累积过程，因此幼树的 F_{IS} 值更高。随着植株密度的不断增大，幼苗阶段以后个体间竞争加剧，近亲个体大量死亡，出现了黄梅秤锤树种群自疏（self-thinning）现象，该过程中倾向于选择杂合基因型，导致成年个体内 F_{IS} 值较低。居群近交系数 F_{IS} 显著大于 0 则表明当前居群存在很高的杂合子缺失。

在龙感湖湿地内，黄梅秤锤树呈聚集分布，幼树和大部分幼苗都聚集在成年结果树的周围。因此，近距离种子散布造成亲缘个体聚集并发生频繁杂交，可能是纯合子过剩的主要原因。无效等位基因（null allele）频率、非空间意义上的双亲近交、Wahlund 效应都可以用于解释居群间显著的杂合子缺失。对于黄梅秤锤树居群，所选择的无效等位基因频率极低，不会影响分析结果；黄梅秤锤树居群个体分布在很小的空间范围内，没有空间隔离，也不存在亚居群结构，排除了Wahlund 效应的影响。黄梅秤锤树以虫媒异交为主，部分自交亲和，居群内处于不同生活史阶段个体的近交系数差异还可能是不同时期传粉者活动变化引起的。

幼苗、幼树、成年植株第一个间隔距离的相关系数 $F_{(1)}$ 均大于 0.0625，即在 5m 范围内的黄梅秤锤树亲缘关系特别近。幼树第一个间隔距离的相关系数为 0.084，明显低于成年植株（0.120）和幼苗（0.117）。种子雨（seed shadow）的重叠和随机交配经常使得异交物种成年植株的小尺度空间遗传结构比幼苗的更明显。黄梅秤锤树种子雨重叠少，从而形成了最初的小尺度空间遗传结构（图 5-2）。

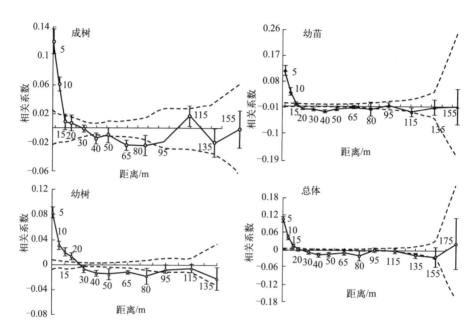

图 5-2　黄梅秤锤树成年个体、幼树、幼苗和总体的相关系数图（阮咏梅等，2012）

虚线代表 95% 置信区间上下限，相关系数（F_{ij}）值的标准误差通过对所有位点自检获得

以异交为主的黄梅秤锤树，其 3 个不同年龄阶段的居群均表现出显著的小尺度空间遗传结构，其中成年植株、幼树、幼苗的统计值 S_p 分别为 0.0392、0.0302、0.0416，与同样虫媒异交且种子靠重力扩散的钩枝藤科薄翅钩枝藤（Ancistrocladus korupensis）（S_p=0.0327）和厚果檀（Vouacapoua americana）（S_p=0.0393）接近，但显著高于近缘种狭果秤锤树的 S_p 值（成年植株 0.0224、幼树 0.0141、幼苗 0.0132）。整个居群以及成年植株、幼树、幼苗均表现出明显的空间遗传结构。样地内多位点平均相关系数在 10m 内随个体间距离的自然对数 ln（r_{ij}）线性下降。幼苗和成年植株的遗传结构比幼树更为明显（幼苗 S_p 为 0.0416，幼树 S_p 为 0.0302，成年植株 S_p 为 0.0392）。在成年植株、幼树、幼苗 3 个年龄层次上，F_{ij} 值显著大于 0 的最大距离分别在 10m、20m、15m，表明相邻黄梅秤锤树个体间的遗传相关程度高于随机个体，负值的 F_{ij} 出现在较远的距离。

珍稀濒危植物黄梅秤锤树研究与保护

黄梅秤锤树居群内的自疏作用和幼苗的随机死亡减弱了空间遗传结构的强度。然而，幼树的 S_p 值低于幼苗和成年植株，即自疏作用并不强烈，并未导致空间遗传结构的消失。非随机交配、种子雨重叠少、缺乏强烈自疏等原因使得黄梅秤锤树小尺度空间遗传结构在不同年龄阶段得以维持。

在95%置信水平上，样地内373个更新黄梅秤锤树个体中的177个（47%）可指定双亲，136个（36%）仅能指定一个亲本。成年植株的第一和第二亲本排除率分别为0.994和0.999。一般情况下，默认双亲中的母本距离子代较近，种子流范围推测为0.22～91.18m，平均值（9.07±13.38）m。双亲中的父本距离子代较远，花粉流范围推测为0～126.07m，平均值（23.81±23.60）m。种子散布距离频率分布明显不同于随机散布模式下的预测（$P<0.001$），76.3%的种子散布在母本周围10m以内，推测种子主要散布距离为0～20m（总计90%）。在10m以内成年个体、幼树和幼苗植株均呈现出显著的空间遗传结构，说明种子扩散限于成年母树周边。花粉和种子传播式样均呈"L"型分布（图5-3）。种子雨重叠少、有限的基因流、自疏以及近亲繁殖是造成各年龄阶段出现空间遗传结构的主要原因。花粉散布距离频率分布明显不同于随机散布模式下的预测（$P<0.001$），87.4%的花粉散布范围不超过50m。基因流（dg）估算为19.12m，远小于间接估计值（成年个体间基因流间接估值为29.15m）。

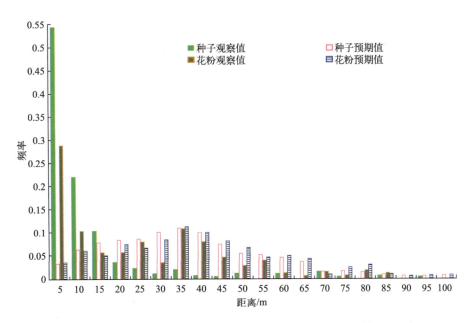

图5-3　观察和预期种子及花粉扩散距离频率分布（阮咏梅等，2012）

黄梅秤锤树居群基因型为非随机分布，该居群内的交配也不是随机发生的，可能是奠基者效应和微环境选择的结果。种子和花粉扩散介导的基因流是居群空间遗传结构形成的关键因素。黄梅秤锤树3个年龄阶段空间遗传结构极度一致，表明居群水平的基因流总体模式较少随着时间变化而变化。黄梅秤锤树种子体积大（长0.8～3.5cm，直径0.5～0.6cm），千粒重约300g。黄梅秤锤树种子主要依靠重力传播且未发现种子的二次扩散，地形起伏也对种子扩散有影响，尚未观察到动物影响种子扩散。黄梅秤锤树种子平均散布距离为9.07m，表明幼树和幼苗等更新植株大幅度聚集在共同母本周围，有限的种子基因流是空间遗传结构的决定因素。陡坡会增加种子的传播距离，并削弱居群的空间遗传结构。黄梅秤锤树生境地地势平坦，限制居群种子远距离扩散。

黄梅秤锤树目前仅有200棵能开花结实的成年植株，样地内成树密度约为47株/hm²，分布不均匀会进一步强化小尺度空间遗传结构。黄梅秤锤树依靠蜜蜂、食蚜蝇等小昆虫传粉，成年植株密度决定了昆虫飞行距离（即花粉散布距离），小昆虫在密集斑块状居群中主要为邻近的个体传粉，平均花粉扩散距离随居群的成年个体密度增大而减小。亲本分析结果显示，87.4%的花粉扩散范围在50m内，产生了成年个体的邻近效应，限制了花粉流，有限的花粉流进一步影响了空间遗传结构。

第二节
基于 ISSR 标记的遗传多样性分析

一、龙感湖国家级自然保护区野生居群多样性分析

1. ISSR标记扩增情况

方元平教授课题组从60个通用ISSR标记中筛选12个标记，用于对41个黄梅秤锤树样本的基因组DNA进行多样性分析。在41份样本中，12个ISSR标记共扩增出清晰、重复性强的条带77个，平均每个位点有6.42个条带，多态性比例为97.6%，扩增条带的大小介于250～1800kb之间。2个ISSR引

物扩增出 8 个等位基因，3 个引物扩增出 7 个等位基因，1 个引物扩增出 4 个等位基因，其余 6 个标记位点处均检测到 6 个等位基因。

2. 不同龄级居群遗传多样性情况

在 3 个年龄层居群中，幼树居群的多态性位点最多（74 个），多态性位点比例 96.10%；其次是成年居群，有 55 个多态性位点，多态性位点比例为 71.43%；多态性位点最少的是幼苗居群，仅检测到 35 个，多态性位点比例为 45.45%。Nei's 基因多样性指数（h）范围介于 0.1839 ～ 0.3027 之间，Shannon 信息指数（I）介于 0.2680 ～ 0.4563 之间。Nei's 基因多样性指数和 Shannon 信息指数按从高到低排列依次是：幼树居群 > 成年居群 > 幼苗居群。黄梅秤锤树从幼苗成长到幼树阶段，居群的遗传多样性逐渐增加，研究结果与水松、厚壳桂等乔木居群的情况一致。黄梅秤锤树从幼树阶段继续发育成熟的过程中，遗传变异被高度保留下来，成熟的种群遗传变异有衰退趋势，与长叶榉类似。

黄梅秤锤树总体物种水平的 Nei's 基因多样性指数和 Shannon 信息指数分别为 0.2992 和 0.4554。黄梅秤锤树居群总的遗传变异（H_t）为 0.2788±0.0260，发生于居群内的遗传变异（H_s）为 0.2490±0.0228。黄梅秤锤树居群间遗传分化系数（G_{st}）为 0.1068，即 10.68% 的遗传变异发生在居群间，发生在居群内的遗传变异高达 89.32%。12 个 ISSR 标记位点检测到的平均基因流 N_m 值为 4.1831，高频率的基因流能够有效减少种群遗传漂变造成的分化。

幼树、成年植株、幼苗 3 个不同年龄层居群的遗传一致度变化范围为 0.9316 ～ 0.9639。遗传一致度最高的居群是幼树居群和成年居群，遗传一致度值为 0.9639。遗传一致度最低的是幼苗居群和成年居群，遗传一致度值为 0.9316。遗传一致度居中的为幼苗居群和幼树居群，遗传一致度值为 0.9320。遗传距离的变化范围为 0.0368 ～ 0.0709，遗传距离最小的为成年居群和幼树居群，遗传距离为 0.0368。遗传距离最大的是成年居群和幼苗居群，遗传距离为 0.0709。采用 MEGA 5.0 软件进行的 UPGMA 聚类分析显示，幼树居群和成年居群首先被聚在一起，然后再与幼苗居群聚在一起（图 5-4）。黄梅秤锤树从幼树阶段继续发育成熟，遗传变异被高度保留，但成熟的黄梅秤锤树种群内遗传变异有衰退趋势，该现象与长叶榉类似。

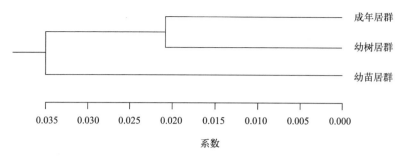

图 5-4　基于遗传相似度的不同龄级居群聚类分析（高莉等，2018）

3. 不同方向自然居群遗传多样性情况

以龄级最大的成年黄梅秤锤树为中心，按照东北、东南、西北、西南组建的 4 个方位居群中，多态性位点最多的是东北居群，多达 71 个位点，多态性位点比例为 91.03%；多态性位点最少的是东南居群，仅检测到 28 个位点，多态性位点比例为 35.90%。西南居群内检测到的多态性位点数略多于西北居群。Nei's 基因多样性指数变化范围为 0.1323 ～ 0.2946，Shannon 信息指数变化范围为 0.1964 ～ 0.4429，Nei's 基因多样性指数和 Shannon 信息指数最高的为"东北居群"，其次是"西南居群"和"西北居群"，最低的是"东南居群"。

物种水平的 Nei's 基因多样性指数和 Shannon 信息指数为 0.2958 和 0.4527。东北、东南、西北、西南 4 个方位居群中总的遗传变异（H_t）为 0.2707±0.0248，发生于居群内的遗传变异为 0.2074，居群间遗传分化系数（G_{st}）为 0.2337。4 个居群内 23.37% 的遗传变异发生在居群间，发生在居群内的遗传变异高达 76.63%。在 12 个 ISSR 标记位点处，东北、东南、西北、西南 4 个方位居群间的基因流 N_m 的平均值为 1.6394，勉强能够抵制遗传漂变引起的种群分化。风向影响了花粉和种子的传播，进而影响了居群的遗传多样性。

东北、东南、西北、西南 4 个方位居群中，遗传一致度变化范围为 0.8663 ～ 0.9242，遗传距离的变化范围为 0.0788 ～ 0.1436。东南居群和西北居群亲缘关系最近，遗传距离为 0.0788，遗传一致度为 0.9242。西北居群和西南居群亲缘关系最远，遗传距离为 0.1436，遗传一致度最小为 0.8663。采用 MEGA 5.0 软件进行 UPGMA 聚类分析，东南居群和西北居群最先被聚到一起，再与东北居群聚在一起，西南居群则独自聚为一支（图 5-5）。

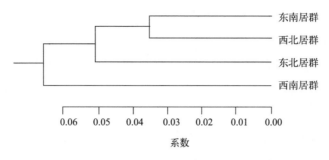

东南居群

西北居群

东北居群

西南居群

0.06   0.05   0.04   0.03   0.02   0.01   0.00

系数

图 5-5　黄梅秤锤树 4 个不同方位居群的聚类分析（高莉等，2018）

二、黄梅秤锤树与近缘种遗传多样性比较

采用 ISSR 标记对黄梅秤锤树、细果秤锤树、长果安息香、怀化秤锤树、秤锤树 5 个居群共 162 份样品进行扩增分析，比较各个种之间的遗传多样性和遗传结构。11 条 ISSR 引物对 5 个种扩增的产物片段大小为 200 ～ 2000bp，扩增效果良好，共检测到 147 个位点，总的多态性位点为 136 个。每条引物扩增位点总数为 10 ～ 17 个，平均为 13.4 个；每条引物扩增的多态位点为 8 ～ 16 个，每条引物检测到的多态位点数平均为 12.4 个。5 个种间扩增的多态位点总数在 62 ～ 80 之间。5 个种的平均扩增多态位点总数为 69.4 个，各种间的多态位点比例不一致，变化范围为 42.18% ～ 54.42%，平均为 47.21%。5 个种之间的多态位点比例排序为：细果秤锤树＞黄梅秤锤树＞秤锤树＞怀化秤锤树＞长果安息香。

5 个种的总体等位基因观察值、有效等位基因平均数、平均期望杂合度和 Shannon 信息指数分别为 1.9252、1.5494、0.3222、0.4826。秤锤树属的总体等位基因观察值、有效等位基因平均数、平均期望杂合度和 Shannon 信息指数均高于各种内四项观察值和分析值。各种内等位基因观察值处于 1.4218 ～ 1.5442 之间，大小顺序为：细果秤锤树＞黄梅秤锤树＞秤锤树＞怀化秤锤树＞长果安息香。有效等位基因平均值范围为 1.2330 ～ 1.3078，大小顺序为：细果秤锤树＞秤锤树＞怀化秤锤树＞黄梅秤锤树＞长果安息香。

5 个种的平均期望杂合度范围为 0.1391 ～ 0.1817，顺序为：细果秤锤树＞秤锤树＞怀化秤锤树＞黄梅秤锤树＞长果安息香；Shannon 信息指数范围为 0.2110 ～ 0.2743，顺序为：细果秤锤树＞秤锤树＞黄梅秤锤树＞怀化秤锤树＞长果安息香。综合各项参数，细果秤锤树的各项参数相对较高，秤锤树的分析参数高于怀化秤锤树和长果安息香。不同引物扩增获得的遗传分化系数不同。UBC818 标记的群体多样性（H_t）最高为 0.411708，而 UBC840 引物标记后的种群多样性最低值为 0.238920。种内多样性（H_s）分析中，UBC857 引物标记值最高为 0.197159，最低的为引物 UBC83 标记值为 0.129544。种间多样性（D_{st}）中，UBC818 引物的计算值最高为 0.257946，UBC855 引物计算值最低为 0.085540。各引物标记后的基因分化系数（G_{st}）范围在 0.308900 ～ 0.614108 之间，差距显著。平均基因分化系数为 0.5094，基因流为 0.4816。

在 5 个种的群体多样性中，种间遗传多样性所占比例为 55.05%，而种内遗传多样性所占比例为 44.95%，种间遗传多样性和种内遗传多样性的差异不大。方差分析中种间和种内遗传多样性均达到极显著水平。各种之间，长果安息香与秤锤树的遗传分化系数最高（0.6695），而黄梅秤锤树与秤锤树的遗传分化系数最低（0.3966），各种间的遗传分化系数方差分析均达极显著水平，说明各种之间遗传变异显著。

在 UPGMA 聚类分析中，秤锤树和黄梅秤锤树优先聚成一个分支，细果秤锤树和怀化秤锤树聚为另一分支，两个分支聚成一个大分支。与秤锤树、黄梅秤锤树、怀化秤锤树、细果秤锤树相比，长果安息香的亲缘关系较远，独自聚成一个分支（图 5-6）。

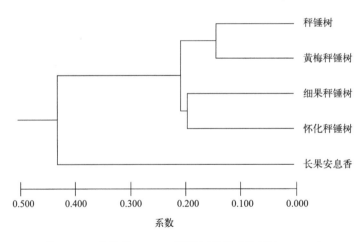

图 5-6　5 个种的 UPGMA 聚类树状图（陈卫连，2010）

第三节

野生居群和迁地保护居群的遗传变异分析

本节揭示植物园迁地保护环境下濒危植物秤锤树是否存在潜在的遗传风

险，迁地保护条件下秤锤树是否丧失了遗传多样性，以及秤锤树物种之间是否存在潜在的杂交风险，为濒危物种回归引种提供必需的参考资料，也为濒危植物在迁地环境下的繁殖安全评估提供范例。

计算每个位点平均等位基因数（A）、观测杂合度（H_o）、期望杂合度（H_e）、居群内的固定指数（F_{IS}），以及不同年份间秤锤树和狭果秤锤树的平均结实率和平均结籽率的差异显著性。黄梅秤锤树钱林居群中，平均等位基因数为5.6，观测杂合度为0.612，期望杂合度为0.681。细果秤锤树两个自然居群中，平均等位基因数为5.5，观测杂合度为0.539，期望杂合度为0.605。肉果秤锤树贺家田居群中，平均等位基因数为4.8，观测杂合度为0.603，期望杂合度为0.701。秤锤树迁地保护居群中平均等位基因数为3.8，观测杂合度为0.651，期望杂合度为0.591。

黄梅秤锤树、细果秤锤树、肉果秤锤树等自然野生居群中 F_{IS} 都大于0，细果秤锤树的 F_{IS} 平均值为0.113，黄梅秤锤树钱林居群 F_{IS} 平均值为0.100，肉果秤锤树贺家田居群的 F_{IS} 平均值为0.140。相反，秤锤树所有迁地居群的 F_{IS} 都为负数，平均值为 −0.103。

第四节

濒危近缘种长果安息香的遗传分析

保育遗传学研究侧重于通过分子标记技术检测片段化居群内遗传变异和居群间遗传分化来研究居群片段化的后果。利用 Wright（1969）的岛屿模型（island model）推导的固定指数 F_{ST} 估测居群的遗传结构。当长寿命物种发生片段化的时间较短时，F_{ST} 反映出来的仅是居群历史的遗传结构，而不能真实反映居群片段化的遗传效应。近几年，基于居群分配检验（assignment tests）且利用多位点基因型将个体分配到候选居群中以检测近代基因流的研究方法，逐渐应用于居群遗传学研究中。可以通过比较历史基因流和近代基因流，更清楚地了解片段化的遗传学效应。以中国特有、狭域分布、常绿阔叶林中世代较长的濒危植物长果安息香为对象，分析经历生境片段化后居群遗传多样性现状，研究长果安息香片段化居群中是否发生遗传瓶颈，瓶颈效应是否影响了居群的遗传变异，探讨片段化居群的历史基因流和近代基因流情况，预测种群的进化潜力，为就地保护提供参考。

一、居群遗传多样性与 Hardy-Weinberg 平衡情况

许多植物的分布和遗传多样性受冰期的影响很大。长果安息香主要分布在中国中部，包括壶瓶山等地区。中国中部和东部的大山减缓了冰期低温对生物的影响，同时为许多生物提供了避难所。Fritsch 等推测，安息香科植物在始新世时广泛分布于东亚、北美和欧洲，经历更新世冰期后东亚分布的安息香科植物得以幸存。长果安息香种内较高的遗传多样性说明更新世冰期可能没有对长果安息香的分布产生很大影响。片段化居群内长果安息香的高遗传多样性表明中国中部、东部地区低于 3000m 的高山受更新世冰期的影响较小。

采用费希尔精确检验（Fisher's exact tests）检测 Hardy-Weinberg 平衡和连锁不平衡，并对所有值进行多重比较，分析调整后的显著性水平。在 5 个居群 146 个体的 8 个微卫星位点处，总共检测到 59 个等位基因。在物种水平上，平均每个 SSR 位点上等位基因数为 7.4，变化范围为 5 ～ 15；每个位点的平均期望杂合度变化范围为 0.395 ～ 0.874。总固定指数 F_{IS}、F_{ST}、F_{IT} 分别为 0.069、0.064、0.126。居群内微卫星遗传变异的变化范围为 4.4 ～ 6.1，平均值为 5.0。H_o 的变化范围为 0.514 ～ 0.690，平均值为 0.594。H_e 的变化范围为 0.613 ～ 0.681，平均值为 0.643。每个居群近交系数变化范围为 −0.113 ～ 0.162，平均值为 0.076；异交率的变化范围为 0.72 ～ 1.25，平均值为 0.88。在长果安息香的自然居群中异交率高，近交水平较低。

F- 统计分析表明在检测的 40 个居群 - 位点组合中共有 20 个偏离了 Hardy-Weinberg 平衡预期值（$P < 0.05$）。经过多重比较校正后，6 个居群 - 位点组合的 F 统计值与 Genepop 3.4 软件的 Markov-Chain 法计算的 Hardy-Weinberg 预期值有偏差。考虑所有的位点组合时，有 3 个居群中偏离了 Hardy-Weinberg 平衡。在所有居群中，对 140 个位点进行连锁不平衡检测，有 13 个为连锁不平衡（$P < 0.05$）。经过 Bonferroni-type 多重比较后，未发现基因型连锁不平衡现象。长果安息香在物种水平上的遗传多样性较高，高于银桦（Grevillea macleayana，A 为 3.2 ～ 4.2，H_e 平均值为 0.50）、乳木果（Vitellaria paradoxa，A 为 3.4 ～ 4.2，H_e 平均值为 0.42）、厚果檀（Vouacapoua americana，A 为 3.2 ～ 4.2，H_e 平均值为 0.43），但低于医胶树（Symphonia globulifera，A 为 3.7 ～ 16，H_e 平均值为 0.80）和互叶白千层（Melaleuca alternifolia，A 为 20 ～ 27，H_e 平均值为 0.78）。在严重片段化的生境内，长果安息香残余居群仍然具有较高的遗传多样性。由于缺

乏连续分布居群作为对照，很难确定生境片段化对长果安息香遗传多样性的影响。

尽管很多物种内片段化居群大小和居群内的遗传多样性有相关性，但是长果安息香内居群大小和遗传多样性相关性不大，居群最小的五道水居群（大约30棵开花结实植株）和居群最大的高桥河居群（多于300棵开花结实植株）遗传多样性水平相近，可能的原因是短期内居群大小减小或增加的结果。五道水居群、土湾居群、毛竹河居群均具有较高的遗传多样性，可能的原因是此3个居群历史上是连续分布的，最近的生境破坏或过渡森林砍伐导致了居群人小急剧下降，暂时没有对居群的遗传多样性产生影响。长寿命树种（> 100年）世代较长，所以对居群片段化导致的遗传多样性的丧失产生了一定程度的缓冲作用。

二、遗传瓶颈及迁移 – 漂变平衡情况

基于无限等位基因模型分析，有4个居群出现了种群统计上的遗传瓶颈。基于两相模型分析，有3个居群出现了种群统计上的遗传瓶颈。基于逐步突变模型，没有任何一个居群可能发生瓶颈。2MOD分析中基因流模型和漂变模型的可能性检测表明，长果安息香居群间符合基因流模型，没有表现出遗传隔离，且具有较大的基因流。在基因流模型下，各居群的溯祖概率为0.06 ～ 0.102，每个居群每代迁移个体数为2.20 ～ 3.92，平均值为3.08。

遗传瓶颈效应没有显著影响长果安息香物种的遗传多样性，可能的原因是瓶颈事件发生的时间短，没有影响片段化居群的遗传多样性。片段化居群未来的子代居群中可能出现遗传瓶颈导致的遗传多样性下降。最大居群即高桥河居群遗传多样性并不是最高的，可能是由于种群扩张过程中出现的建立者效应引起的。大部分居群显著偏离突变 - 迁移平衡，长果安息香片段化居群内出现了遗传瓶颈，可能导致濒危物种遗传多样性显著降低。

三、居群遗传结构特征

计算居群间的 Wright's F- 统计的 F_{ST} 以及居群两两之间的 R_{ST}。总 F_{ST} 和 R_{ST} 值分别为 0.064 和 0.299，F_{ST} 值明显低于 R_{ST}，即基于无限等位基因模型和逐步突变模型所得到的居群分化系数存在分歧，对于长果安息香 F_{ST} 更适

合评价居群间的遗传分化。R_{ST} 矩阵中，YJM 和 MZH 居群间的遗传分化系数不显著。F_{ST} 矩阵中所有的值都显著。基于等位基因大小排列的两尾检验（$P=0.8018$），所有位点的突变率都没有影响到长果安息香居群的遗传分化。基于分子方差分析结果，总遗传变异有 6.06% 变异分布于居群间，93.94% 的遗传变异分布于居群内的个体之间。居群间遗传距离和地理距离没有相关性（$r=0.2896$，$P=0.8013$），即长果安息香居群间的基因流不受距离隔离的限制。基于 UPGMA 聚类分析，地理距离近的居群并没有聚到一起，进一步说明地理距离隔离没有影响基因流。突变率并没有影响以远交为主、长寿命的多年生长果安息香居群间的遗传分化模式。对长果安息香而言，在决定其居群间遗传分化上，随机遗传漂变和基因流极有可能比突变的影响大。

四、历史基因流与近代基因流

基因流是一种基本的微进化动力，决定居群间遗传分化的潜力，还会影响种内遗传多样性的维持。长果安息香 5 个残留居群间的基因流平均值为 3.7，即生境片段化并没有显著影响到居群间的历史基因流。五道水居群和土湾居群间的地理距离相距 78km，二者间基因流最小达到 1.7。杨家湾居群和毛竹河居群相距 1.7km，基因流高达 7.1。GENEPOP 软件计算出来的基因流为 4.37。基于多位点基因型分析，共有 4.8% 的个体发生了迁移。在 146 株个体中，共139 株（95.2%）被正确分配到了取样居群中；7 株（4.8%）被分配到距离较远的居群中。距离较近的毛竹河居群和杨家湾居群、高桥河居群和土湾居群中发生了个体迁移。

五、居群间地理距离与遗传距离相关性

来自高桥河居群中的两个个体是从距离最近的土湾居群（相距 3.5km）迁移过来的。毛竹河居群中 1 个个体被分配到了杨家湾居群（相距 1.7km），杨家湾居群中的 3 个个体被分配到了毛竹河居群。假设 5 个居群间相互发生了迁移，可能有 20 种可能的迁移途径，用 GENECLASS 得出的第一代迁移率（近代基因流）为 0.35，片段化居群间近代的基因流有限。较高的历史基因流、较低的近代基因流表明生境片段化影响了长果安息香的扩散，近代或当代的基因流决定了未来居群的遗传结构，可能导致物种将来出现进一步的遗传分化。

第五节

近缘种秤锤树保护基因组学研究

南京林业大学段一凡教授与南京农业大学薛佳宇副教授课题组联合，率先报道了秤锤树属模式物种秤锤树的染色体级别高质量基因组，并以此为基础分析群体基因组学数据，重建其进化过程中种群动态历史，探讨濒危分子机制。

一、基因组组装和注释

为了获得高质量秤锤树基因组，研究人员运用了 HiFi 长序列测序（17 倍测序深度，16.97Gb）和 Hi-C 测序（91 倍测序深度，98.6Gb）技术。将长序列组装成总长度为 1072Mb（N50 = 1.5Mb）的 2138 个 contigs。结合 Hi-C 测序结果，将 2138 个 contigs 进一步组装成 1168 个 scaffolds（N50 = 78.8Mb）（图 5-7）。总共有 982 个 contigs（986Mb）锚定在 12 条假染色体上，占整个秤锤树基因组的 91.98%。测序组装得到的秤锤树基因组与估计的基因组大小一致，在连续性方面达到了染色体水平。对 Illumina 测序数据进行 k-mer 分析（k-mer=19），结果表明秤锤树的基因组大小为 1.01Gb，杂合度为 0.91%。此外，种群基因组分析表明秤锤树在最近的冰期之后经历了瓶颈效应，导致其种群数量持续减少。

基于转录组、同源性、从头计算 3 种方式注释了 40924 个蛋白质编码基因。转录组数据注释了 26707 个基因，占总数据的 65.26%。有功能的基因有 39703 个，占总数据的 97.02%。秤锤树基因组注释质量较高，共鉴定到 1531 个（94.86%）普遍通用的基因，可用于直系同源测试（benchmarking universal single-copy orthologs，BUSCO），其中 1368 个（84.76%）为单拷贝，163 个（10.10%）为多拷贝。重复序列占组装数据的 53.75%（576Mb），其中最丰富的重复序列是逆转录元件（45.13%），其次是 Gypsy（21.39%）和 Copia（8.46%）。此外，秤锤树基因组内还鉴定了 2111 个 tRNA、5315 个 rRNA、168149 个 microRNA、152 个小核 RNA、129 个小核仁 RNA。转录组分析表明，在果实发育过程中，秤锤树果皮中木质素、纤维素和半纤维素的生物合成基因持续增强表达，导致果皮中木质素和纤维含量的积累，形成木质化的坚硬成熟果皮。

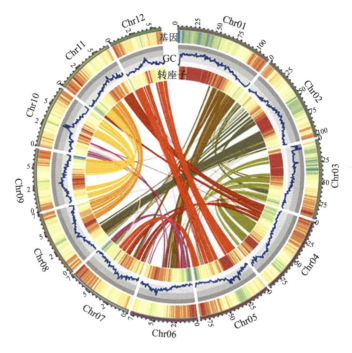

图 5-7　秤锤树的染色体级别高质量基因组（Zhu et al., 2024）

二、系统进化分析

从 27 个被子植物基因组中提取了 1291 个低拷贝直系同源基因，用于构建系统发育分析的序列数据集。串联的氨基酸数据集支持杜鹃花目（Ericales）作为基础谱系山茱萸目（Cornales）的姊妹组，bootstrap 支持率为 100%。基于系统进化分析，秤锤树被认为是岩梅科 *Galax urceolata* 的姊妹种，这两个物种大约在 6118 万年前（Mya）分化，且都是山矾科 *Symplocus tinctoria* 的近缘物种。这一结果与基于细胞器基因组和核基因组数据的系统发育关系一致。秤锤树单系群与包括捕虫木科（Roridulaceae）、海葵科（Actiniidae）和杜鹃花科（Ericaceae）在内的另一个谱系亲缘关系比较近，并构成姊妹群（图 5-8）。

以前的基因组学研究表明，杜鹃花目物种基因组中发生了多次全基因组复制事件。通过对秤锤树基因组内的共线基因组块进行比较，对共线区域内的同源基因进行计算，鉴定了 2 个平行体的同义替换率（K_s）特征峰，峰值分别为 1.3 和 0.4，表示秤锤树基因组经历了两次全基因组复制事件。通过比较秤锤树与番茄（*Solanum lycopersicum*）、圆叶杜鹃（*Rhododendron williamsianum*）、毛花猕猴桃（*Actinidia eriantha*）的直系同源 K_s 分布，进而确定秤锤树基因组内两次全基因组复制发生的具体时间。K_s 值为 1.3 的特征峰对应着秤锤树基因组三倍化，该现象是真核双子叶植物共有的。共线模块 2∶1 比例表示秤锤树基因组内最近发生的多倍化事件就是全基因组复制。然而，秤锤树、圆叶杜鹃、毛花猕猴桃之间的 K_s 差异可以用于估测三个物种的分化。

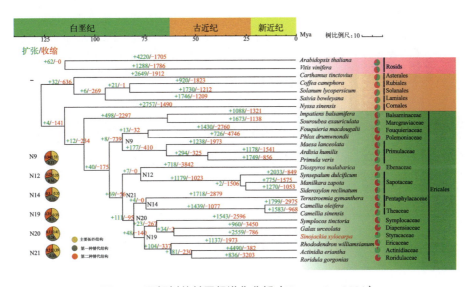

图 5-8 秤锤树的基因组进化分析（Zhu et al., 2024）

通过相对速率检验来调整同义替换率进一步确定了秤锤树内发生的全基因组复制的具体时间，并且该全基因组复制事件在安息香科（Styracaceae）、岩梅科（Diapensiaceae）、山矾科（Symplocaceae）物种内共同发生。最近一次全基因组复制后保留的 15712 个同源基因与复制后扩大的秤锤树 2559 个基因家族（7186 个基因）存在部分重叠。基于 GO 分析，保留的同源基因主要被富集到"对化学和有机物质的反应""发育、分解代谢和生物过程""有机物质分解代谢和有机氮化合物代谢过程""连接酶、转运蛋白、酰基转移酶和激酶活性"以及"ATP 结合"等途径（图 5-9）。

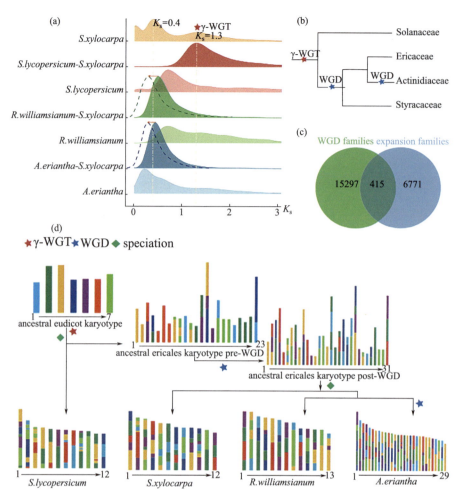

图 5-9　秤锤树的全基因组复制（Zhu et al.，2024）

（a）基因组整体同义密码子替换率 K_s 分布；（b）基因组复制情况；（c）秤锤树基因组的全基因组
复制家族 Venn 图；（d）染色体核型进化
WGD families：全基因组复制家族；expansion families：扩张家族；γ-WGT：酵母全基因组复制；
WGD：全基因组复制；speciation：物种形成；ancestral eudicot karyotype：祖先真双子叶植物核
型；ancestral ericales karyotype pre-WGD：杜鹃花目祖先核型（全基因组复制前）；ancestral ericales
karyotype post-WGD：杜鹃花目祖先核型（全基因组复制后）

　　基于核型变异构建的系统进化树中，祖先真双子叶植物核型（AEK）有 7
条祖先染色体，经历三倍化形成了具有 21 条染色体的核型，随后又经历了至
少 10 次染色体融合、18 次染色断裂、6 次染色体缺失，最终形成了秤锤树、
圆叶杜鹃、毛花猕猴桃等物种的 23 条染色体构成的共同祖先核型。最近一次
发生的全基因组复制事件使得染色体数量翻了一倍，同时发生了 15 次染色体

融合，形成了 31 条染色体构成的祖先核型。随后的 19 次染色体融合形成了秤锤树的现有核型。

三、群体遗传学分析

系统发育分析和主成分分析（PCA）都揭示了秤锤树宁波居群和南京居群之间存在明显的差异。根据 ADMIXTURE 分析的结果，$K=1$（K 代表假定的种群数量）是最合适的模型，进一步表明濒危物种通常具有较小的有效种群规模。然而，当 $K=2$ 时，两个种群能够明显分离开来，与 PCA 和系统发育树的结果一致。基于秤锤树基因组重测序数据分析，近 100 万年来秤锤树的最小有效群体大小呈持续下降的趋势，进一步支持了秤锤树居群在最近一次冰川期内经历了瓶颈效应。基因流分析表明，两个秤锤树居群之间存在双向遗传交流，主要的基因流是从宁波居群流向南京居群。

基因组重测序也表明，秤锤树在冰川期之前可能具有连续的分布区域，不同种群之间的遗传交换频繁。冰川期的栖息地破碎化和人为活动，极大地限制了居群间的基因流。秤锤树的全基因组核苷酸多样性（π）值相对较低（5×10^{-3}），与濒危植物红景天（1.66×10^{-3}）、珙桐（5.85×10^{-3}）等类似，表明濒危植物具有共同的基因组特征。从理论上讲，种群规模小是造成濒危物种秤锤树基因组多样性降低的必然结果。通过设置不同的气候和土壤因素组合从而鉴定环境相关的遗传变异，探索秤锤树的环境适应机制，发现年平均温度、等温性、最热季度平均温度 3 个温度因素，以及土壤黏粒含量、阳离子交换量、土壤有机碳含量 3 个土壤相关因素与秤锤树的环境适应性最相关。

四、基于基因组数据的种子萌发机制解析

秤锤树内存在缓慢的连锁不平衡衰退现象，高于非濒危物种 *Ostrya chinensis* 和枣属（*Ziziphus*）的连锁不平衡衰退程度。秤锤树基因组内的连续性纯合片段中，99% 以上的序列长度较短。秤锤树基因组内有 25653 个功能丧失的变异，这些变异包括转录起始密码子缺失（1165 个）、终止子获得（12205 个）、剪接区变异（22542 个）等类型。木质素合成途径中的 26 个基因产生了有害变异，其中剪接区变异是最常见的类型。

高度木质化的果皮是种子发芽的机械障碍，导致秤锤树发芽率低。对秤锤

树果实进行纵切并染色，发现果实中心的种子被木质素和纤维素沉积形成的坚硬组织包裹着。秤锤树果实在不同发育过程中继续积累木质素、纤维素、半纤维素。秤锤树基因组中木质素生物合成途径相关基因拷贝数与其他物种相比差异并不显著，果实中大量积累的木质素可能是基因过量表达的结果。在秤锤树基因组中，参与木质素生物合成的基因包括 2 个苯丙氨酸解氨酶（phenylalanine ammonia lyases，PALs）基因、2 个肉桂酸 4- 羟化酶（cinnamate 4-hydroxylases，C4Hs）基因、2 个莽草酸羟基肉桂酰转移酶（shikimate hydroxycinnamoyl transferases，HCT）基因、1 个对香豆酸 3- 羟化酶（p-coumarate 3-hydroxylase，C3H）基因、1 个 4- 香豆酸：辅酶 A 连接酶（4-coumaric acid: coenzyme A ligase，4CL）基因、1 个儿茶酚胺 -O- 甲基转移酶（catechol-O-methyltransferase，COMT）基因、1 个阿魏酸 -5- 羟化酶（ferulate-5-hydroxylase）基因、1 个咖啡酰辅酶 A 3-O- 甲基转移酶（caffeoyl-CoA 3-O-methyltransferase，CCoAOMT）基因、1 个肉桂酰辅酶 A 还原酶（cinnamoyl-coenzyme A reductase，CCR）基因、1 个氨基甲酰磷酸合成酶（carbamoyl-phosphate synthetase，CAD）基因，这些基因共同催化木质素的生物合成。

在秤锤树果实发育过程中，还有一部分木质素生物合成相关的基因表达量并不随果实发育过程增加或者减少，这些基因可能在秤锤树果实外的其他组织中负责木质素的生物合成，或者只是功能冗余。在进化过程中，秤锤树的所有木质素合成基因都经历了强烈的纯化选择。在构建的 WGCNA 共表达网络中，表达谱相同的木质素生物合成途径基因被归类为同一模块。

秤锤树基因组中木质素生物合成相关基因高度表达，可能与它们在染色体上串联排列有关，例如 9 号染色体上存在 1 个基因簇，包括 1 个辅酶 A 连接酶、1 个莽草酸羟基肉桂酰转移酶、1 个 肉桂酰辅酶 A 还原酶基因，12 号染色体上存在 1 个咖啡酰辅酶 A 3-O- 甲基转移酶基因和 1 个氨基甲酰磷酸合成酶基因。基因簇可能利于同一代谢途径中基因的转录效率。纤维素合酶（CesA）和木质素合成基因（IRX7）在果皮发育过程中表达量增加，促进了秤锤树纤维素和半纤维素的积累。木质素和半纤维素的生物合成是果皮发育过程中的重要生理活动。红色共表达模块中的基因主要富集在"生物学过程"方面的"RNA 修饰""核酸磷酸二酯键水解""木聚糖生物合成过程"和"木聚糖代谢过程"，以及"分子功能"方面的"作用于酯键的水解酶活性""核酶活性""内切酶活性"和"RNA 结合"。

与木质素和半纤维素生物合成相关的 Ssp03G010310.1（F5H）和 Ssp01G009950.1

（*IRX7*）两个基因正在经受自然选择，即基因功能在进化过程中得以保留。将秤锤树与拟南芥的 *MYB* 基因进行比对系统发育分析，筛选出 33 个转录因子参与秤锤树果实的木质素生物合成途径，其中 *SxMYB20*（Ssp07G007490.1）、*SxMYB42*（Ssp10G023140.1）、*SxMYB62*（Ssp08G018180.1）、*SxMYB83*（Ssp10B002340.1）、*SkMYB85*（Ssp09G003180.1）、*SxMYB86-1*（Ssp99G018570.1） 和 *SxMYB886-2*（Ssp11G07090.1）等转录因子可能是引发 *LBP* 基因高表达的原因。秤锤树高度木质化和纤维化果皮限制了种子的萌发，可能是其濒危的重要原因，秤锤树基因组信息为秤锤树属植物种质资源的深入开发和有效保护提供了重要依据，同时为其他濒危植物的保护利用提供了参考。

第六章

黄梅秤锤树繁殖生物学研究

濒危植物黄梅秤锤树处于片段化的小而孤立的居群中，灭绝风险很高。片段化生境中濒危植物的繁育系统、传粉过程、生殖状况是评估物种受胁迫程度的依据，也是制订保护和管理策略的前提。繁育系统、开花物候、生殖特性和生活史特征对物种的生境适应性至关重要。探讨物种濒危的机制不仅是生物多样性研究的热点之一，更是保护生物学的研究重点。因此，研究濒危物种黄梅秤锤树对生境的需求，测定其种群的生存力，阐明濒危原因，分析濒危过程，预测物种濒危趋势和灭绝的可能性，确定保存物种所需的最小种群数量，是濒危物种保护的重要理论基础，也是科学制定濒危物种保护措施的科学依据。

第一节
黄梅秤锤树繁殖

一、黄梅秤锤树繁殖系统特征

1. 花部形态结构

依据 Dafni 的计算标准，黄梅秤锤树花冠口直径为（2.62±0.53）cm，雄蕊先熟，雌雄蕊空间分离，且柱头高于花药（0.20±0.07）cm，黄梅秤锤树的杂交指数（out-crossing index，OCI）大于 4。在传粉过程中，物种的开花生物学特征会影响访花者的行为和花粉传递机制。总状花序生于侧枝顶端，有白花 2 ～ 6 朵，单花为完全花，一棵成年开花的黄梅秤锤树植株在盛花期可着生数千朵花，单株较大的开花量保证了一定的果实和种子产量，使居群能自然更新。黄梅秤锤树花无任何气味，无花蜜，花粉是吸引传粉昆虫的主要物质。

2. 花期

黄梅秤锤树花期是每年的 3 月中下旬到 4 月中下旬。单花花期 5 ～ 7 天，花瓣展开和花药开裂的时间与天气有很大的关系。在光照较充足的条件下，黄梅秤锤树的花期较短，仅 5 天；阴天低温天气时，黄梅秤锤树的花期较长，为 7 天左右，花药开裂的时间也会延迟 1 ～ 2 天。植物在传粉者稀少或不稳定的环境中可通过延长花期来提高生殖成功率。黄梅秤锤树维持单花平均花粉活力达 50% 以上的时间可达 5 天，花药不同步开裂使整朵花的花粉活力持续时间延长，阴天单花花期相对延长 1～2 天，可能也是对传粉昆虫限制的一种适应。单株及居群水平上花的不同步发育，整个居群花期可达 40 天，这可能是黄梅秤锤树长期适应传粉环境不稳定的结果。

根据开花进程，人为将黄梅秤锤树的花期分为花蕾期、初开期、盛开期、衰落期、凋谢期等5个时期。开花前1天为花蕾期，该阶段花蕾膨大呈椭圆形，花瓣绿白色，柱头呈浅绿色，雄蕊的花丝为一轮，上部花药膨大且不整齐地围绕在柱头四周，靠花柱较近的花药呈浅黄色，离花柱稍远的花药为绿色。初开期持续 1 天，这个阶段黄梅秤锤树的花瓣白色，逐步张开呈钟形；柱头逐渐伸长，大于花药长且高于花冠，仍呈浅绿色；围绕花柱较近的花药为浅黄色时开始开裂，但未散粉，离花柱较远的浅绿色花药未开裂。盛开期持续 2～3 天，白色花瓣完全展开，柱头浅黄色，围绕花柱附件的花药中花粉逐步散出导致花药变瘪、体积变小、颜色逐渐加深，远离花柱的浅黄色花药排列开始变得整齐，花药逐渐开始开裂散粉。衰落期持续 1～2 天，柱头仍是浅黄色，远离花柱的花药完全开裂，花粉逐步散出，花药呈黄色；最早开裂的花药已萎缩，颜色变为深黄色；待花粉散出后，所有的花药围绕花柱整齐排列。凋谢期大约 1 天，花粉基本散尽，花药全部萎缩，柱头与花药的颜色都加深为深黄色，花瓣虽然还是白色但已失去了盛开期的白亮光泽，最终花瓣和花药一起从花托上脱落下来。

3. 花粉萌发率

黄梅秤锤树的单花花药不同步开裂使得整朵花花粉活力持续时间比较长。统计得知，黄梅秤锤树平均每朵花的花粉量为（83390±22063）粒，花的花粉总量除以胚珠数目（P/O）值为 4866±1506。用解剖针解剖子房，在解剖镜下记录胚珠数目，每朵黄梅秤锤树花雌蕊 1 枚（n=30），胚珠（18±3）个，雄蕊 10～15 枚。

在 2.5% 的蔗糖溶液中加入 1% 的琼脂制成的固体培养基最适于黄梅秤锤树花粉萌发：花蕾期的花粉活力最小（9.40%）；花开放当天的花粉活力为59.02%；花开放第二天花粉活力为 62.66%；花开放第三天花粉活力最高，为84.25%；花开放第四天和第五天的花粉活力分别下降到 64.14% 和 52.77%；花开放到第六天时花粉已基本散尽，花粉活力下降到 30% 左右。

4. 柱头可授粉性统计

黄梅秤锤树花蕾期的柱头是不具可授性的。花开放第一天，柱头有 10%

可以授粉；花开放第二天，柱头有 67% 可以授粉；花开放第三天和第四天为盛开期，所有柱头均可授粉；花开放第五天，柱头可授性降低为 60% 左右；花开放第六天，只有 25% 的柱头可以授粉。

5. 果实发育情况

黄梅秤锤树自然状态下的结实率低至 10.33%，平均每果种子为 0.387 个种子。种子结实率低主要与传粉昆虫少、花粉传递效率低、柱头上自花及同株异花花粉的落置和自交亲和性低有关。黄梅秤锤树果实成熟于 9 ～ 10 月，与秤锤树属其他种的果实形态差别很大，喙部较秤锤树短，干裂后外表皮有较浅的棱（图 6-1）。

图 6-1　龙感湖国家级自然保护区内 4 种黄梅秤锤树果形（2023.09 拍摄）

二、黄梅秤锤树的访花昆虫

传粉者的活动是完成胚珠受精过程的关键，因此访花者行为会影响植物作为雌性和雄性亲本的生殖成功率。片段化生境中的黄梅秤锤树个体数目较少，产生的花粉有限，不利于吸引传粉者。片段化的生境也会影响传粉者自身的生存，甚至能阻断植物与传粉者的相互作用，破坏传粉者与植物之间的互惠共生关系，最终影响黄梅秤锤树极小种群的生殖成功、种群更新、种群扩张。在黄梅秤锤树原生林中，枫香树（*Liquidambar formosana*）、华山矾（*Symplocos chinensis*）、山胡椒（*Lindera glauca*）、枸骨（*Ilex cornuta*）、三尖杉（*Cephalotaxus fortunei*）等伴生植物释放的花香和产生的花粉，可能影响黄梅秤锤树的传粉者行为及其生殖成功。

　　黄梅秤锤树的传粉昆虫数量有限，主要包括黑带食蚜蝇（*Epistrophe balteata*）、中华蜜蜂（*Apis cerana*）、中华回条蜂（*Habropoda sinensis*）、麝凤蝶（*Byasa alcinous*）4 种。晴天 17:00 以后访花频率逐渐下降，到 18:00 以后基本没有访花现象（图 6-2）。雨天和大风天气访花昆虫极少。

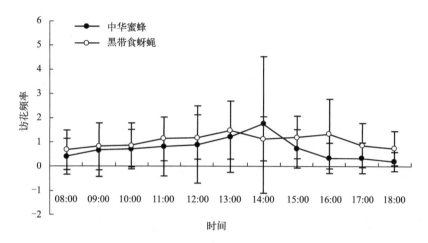

图 6-2　黄梅秤锤树两种主要传粉昆虫中华蜜蜂（晴天）和黑带食蚜蝇（阴天）的访花
频率（张金菊等，2008）

　　潮湿的龙感湖国家级自然保护区林下可能是黑带食蚜蝇的栖息地。黑带食蚜蝇有时吸取黄梅秤锤树叶片和花瓣上的液体，有时在花药和柱头之间活动并取食花粉，其身上的毛状物附有花粉粒。黑带食蚜蝇在单花上的平均停留时间为 41s。阴天时黑带食蚜蝇是主要的访花昆虫，平均访花频率为（1.03±0.96）次 /15min，其在不同时间段的访花频率差异非常小，可能是因为湖边林下白天温度变化不大。黑带食蚜蝇的体型小，传粉能力弱，而且黄梅秤锤树的花期往往处在阴天，故黄梅秤锤树结实率明显低于迁地保护环境下秤锤树的平均结实率（57%）。

　　蜂类访花的目的主要是采集花粉，其足部的采粉器及腹胸部毛状物可以附着大量花粉，访花时蜂类的腹胸部与柱头接触，通过其毛状物上所携带的花粉进行传粉。在捕捉的中华蜜蜂标本上，足部附着有大块的花粉团块。蜂类访花时一般在单花上停留 1 ～ 4s，连续访问同一植株上数朵盛开的花之后离去。在观察的时间段内，一只蜂最多一次访问同一植株上的 44 朵花。在晴天，中华蜜蜂是最主要的传粉昆虫，平均访花频率为（0.66±1.21）次 /15min；中华回条蜂平均访花频率为（0.33±0.61）次/15min，明显低于迁地保护环境下秤锤树平均访花频率［（6.0±1.26）次/15min］。蜂类在13:00至14:00访花频率略高，在16:00至18:00访花频率变低，但不同时间段的访花频率差异不显著（P=0.085）。在阴天，蜂类只是偶尔访花，访花频率极低。

麝凤蝶在整个观察期间共出现4次，每次平均访花9朵，对开放盛期的花采粉后即离去。麝凤蝶足部一般停留在花瓣上，用细长的虹吸式口器寻找花蜜，接触花粉的可能性不大。

三、黄梅秤锤树自然状态下的传粉情况

黄梅秤锤树在开花过程中，柱头始终高于花药，这种结构不利于自花花粉落到柱头上。此外，花粉活力和柱头可授期之间存在一定的时间间隔，这在一定程度上避免了同花自交的发生。在黄梅秤锤树单株水平上，植株同时开放的花朵可以达到数千个，且花的发育时期不同。单花花粉活力和柱头可授期之间存在一段时间的重叠，在自然条件下通过媒介动物和风媒的作用，常发生同株同花和同株异花传粉。黄梅秤锤树不存在无融合生殖现象，其繁育类型以异交为主，但部分自交亲和且依赖传粉者。黄梅秤锤树虽然自交亲和性低，但这种部分自交亲和性在一定程度上为物种长期适应不断变化的环境提供了生殖保障。

统计得出，黄梅秤锤树柱头上落置花粉粒的平均数为（3.8±3.8）个，其中最多一个柱头上有15粒花粉；26.3%的柱头没有花粉；76.3%的柱头上花粉粒低于5个；20%的柱头上花粉粒为（7.6±1.1）个；仅6.7%的柱头上花粉粒为（13.0±1.8）个。从自然条件下柱头上落置花粉的数量看，73.7%的柱头上都有花粉落置，但柱头上的平均花粉粒仅4个，93.3%的柱头上落置花粉粒低于10个，现有传粉昆虫的传粉效率较低。在许多植物种中，要产生果实或种子，柱头上必须有一定的花粉量，如厚萼凌霄（Campsis radicans）中产生果实需要有大约400粒合适的花粉，推测黄梅秤锤树单个柱头上需要落置至少10粒花粉才能保证正常结实。

四、黄梅秤锤树的人工授粉情况

黄梅秤锤树花药散粉时大部分雌蕊尚未成熟，因此花粉在竞争中没有起到重要的作用。果实在树上的时间长，部分果实在营养少、缺乏生命力的老枝上

进行，影响了果实的进一步生长发育。对黄梅秤锤树残存居群的保护，应着眼于加强对传粉昆虫赖以生存的自然生态系统的恢复。

经试验，将黄梅秤锤树花朵分为自然对照、开花前套袋、同株异花授粉、异株异花授粉、去雄后套袋不授粉5个组。自然对照组内的花不套袋、不去雄、自由传粉，检测自然条件下黄梅秤锤树的结实率为10.33%±7.88%。开花前套袋组的花不去雄，主要检测是否存在自花授粉。同株异花授粉组的花去雄后进行套袋，用同株盛花期的不同花进行人工授粉，主要检测自交亲和性。异株异花授粉组的花去雄后套袋，用不同植株盛花期花粉进行异花授粉，检测结实率。去雄后套袋不授粉组的花检测是否存在无融合生殖。同株异花授粉组可以结实，结实率仅为7.94%±5.65%。开花前套袋隔离昆虫后结实率为0，说明黄梅秤锤树的生殖需要传粉者。去雄后套袋，不授粉处理的结实率为0，不存在无融合生殖的现象。自然对照组、同株异花授粉组、异株异花授粉组每个果实的平均种子数分别为0.387±0.089、0.500±0.114、0.732±0.033，差异显著。

异株异花授粉组（人工异交）结实率为74.07%，远远高于同株异花授粉组（人工自交）的结实率7.94%，表明黄梅秤锤树存在部分自交不亲和性。传粉昆虫是黄梅秤锤树生殖过程必需，不存在无融合生殖现象，可推断黄梅秤锤树繁育系统主要以异交为主，且需要传粉者。

第二节
近缘物种繁殖生物学特征

一、细果秤锤树繁殖生物学特征

1. 花部形态特征

细果秤锤树花为总状聚伞花序，侧生于小枝顶端。花白色，单花为完全花，无气味。花两性，花梗和花序梗纤细而弯垂（图6-3）。雄蕊10～12枚，密被短柔毛。子房3室，半下位；花柱长（10.02±0.93）mm，线形，柱头不明显，3裂。雌雄蕊在空间分离，柱头高于花药。萼片5～7裂，裂片长圆状披针形，长（12.22±0.92）mm，宽（4.54±0.48）mm；花冠口直径为（22.51±1.66）

mm。细果秤锤树的杂交指数≥4。根据繁育系统评判标准，细果秤锤树为部分自交亲和，异交需要传粉者。细果秤锤树单花花药数量为10.70±0.82，单花花粉量为61190.40±9669.66，胚珠数量为15.00±2.00，花粉与胚珠比为4093.21±498.56，这些特征表明细果秤锤树的交配方式是专性异交。

图6-3 细果秤锤树花部形态（台昌锐等，2023）

（a）开花小枝；（b）花；（c）花冠及雄蕊；（d）花萼及雄蕊；（e）花冠及雄蕊离析；（f）雄蕊群；（g）子房横剖及纵剖

2. 开花物候期

细果秤锤树花期在4月中上旬，种群花期可持续20天。单花花期5～7天，不同天气条件下开花时间有所不同，晴天花期较短约为5天，在阴雨低温条件下花期为7天。依据开花进程分为花蕾期、初开期、盛开期、衰落期、凋谢期5个时期（图6-4）。

3. 花粉活力和柱头可授性

细果秤锤树花粉活力较低，平均仅为5.58%。开花当天的花粉活力为44.05%；开花第二天花粉活力增长到58.16%；开花第三天的花粉活力最高为76.21%；开花第四至六天的花粉活力下降为62.96%、42.52%、34.45%；开花第七天时花朵大多枯萎，花粉已大量散去，花粉活力降到18.37%。细果秤锤树开花前期柱头不具可授性，开花第一天柱头部分具有可授性，开花第二天的柱头可授性最高，第三天柱头具有可授性，第四天柱头可授性较低，第五天柱头不具可授性（图6-5）。

图 6-4　细果秤锤树开花动态（台昌锐等，2023）
（a）花蕾期；（b）初开期；（c）、（d）盛开期；（e）衰落期；（f）、（g）凋谢期

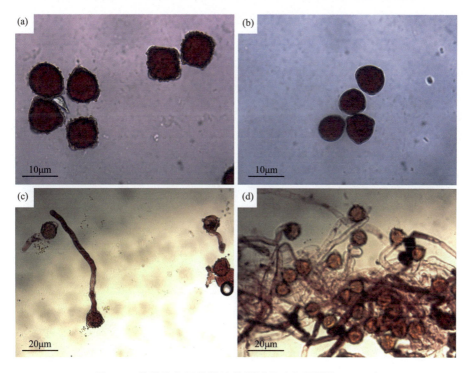

图 6-5　花粉染色及花粉管萌发过程（台昌锐等，2023）

细果秤锤树在自然条件下结果率为55.33%±5.03%，结籽率低，为2.67%±
2.31%。单因素分析显示不同处理下的结果率差异显著，结籽率差异极显著。
细果秤锤树传粉需要昆虫，不存在无融合生殖现象和风媒传粉。去雄人工同株异花授粉条件下结果率为17.33%±3.06%，结籽率低至1.33%±1.15%。去雄后人工异株授粉结果率为83.33%±5.03%，结籽率为5.33%±2.31%，即异株授粉能够提高结果率和结籽率。

4. 访花昆虫及访花行为

细果秤锤树的访花昆虫有3目5科7种，主要包括黄胸木蜂（*Xylocopa appendiculata*）、熊蜂（*Bombus lapiderias*）、胡蜂（*Vespa* sp.）、中华蜜蜂、黑带食蚜蝇、家蝇（*Musca domestica*）和大黄长角蛾（*Nemophora amurensis*）（图6-6）。蜂类访花的目的主要是采集花粉，访花过程中足部的采粉器及腹胸部会附着大量花粉。整体看，08:00～10:00昆虫访花频率较低；11:00～14:00昆虫对细果秤锤树的访花频率较高，为访花高峰期；15:00～18:00昆虫的访花频率较低。访花昆虫的访花次数与天气温度有关，在晴天温暖的中午有较多昆虫访花，而清晨、傍晚、阴雨低温的天气访花昆虫较少。

图 6-6　访花昆虫（台昌锐等，2023）
（a）、（b）黄胸木蜂；（c）熊蜂；（d）胡蜂；（e）、（f）中华蜜蜂；（g）黑带食蚜蝇；（h）家蝇；
（i）大黄长角蛾

黄胸木蜂体型较大，访花时间较短，在访花过程中声音较大，振幅较强，每朵花停留 3 ～ 5s，通常在同一植株上连续访问几朵花后才离开。采集花粉时通常将身体弓起，用前足紧紧抱住花，上颚抵住花粉囊，从花冠正上方开口处进入花内采集花粉。黄胸木蜂平均访花频率为（4.42±0.11）次 /h。熊蜂体长，体被稠密的绒毛，每朵花大概停留 1 ～ 4s，携粉量大，访花时间短且访花多，访花时用喙吸取花粉，前足直接落于雄蕊上，后足有花粉筐，在访花过程中足部和胸部沾有很多花粉，接触到雌蕊柱头而实现传粉。熊蜂的平均访花频率为（8.67±0.21）次 /h。中华蜜蜂在单花停留时间为 5 ～ 9s，直接落于花上，身体紧紧抱住雄蕊，足部不停摩擦花粉囊，头、胸、腹、足均与雄蕊和柱头直接接触。中华蜜蜂平均访花频率为（2.88±0.05）次 /h。

黑带食蚜蝇单花停留时间平均为 45s，访花时落到花瓣上，在花上用中足和后足支撑身体然后采集花粉，两前足来回搓动、舔舐花粉，体型较小且访花次数较少，对传粉的贡献不大。黑带食蚜蝇的平均访花频率为（0.61±0.05）次 /h。胡蜂访花时，足部抱住雄蕊和花柱，足部和腹部沾有花粉，平均停留时间约 5s，但在观察期间访花次数较少。胡蜂的平均访花频率为（0.39±0.05）次 /h。家蝇访花时，上颚和足部接触花粉，观察期间仅有两次访花行为，不是主要的访花昆虫。大黄长角蛾仅停落在花瓣上，停留时间较短，未见明显传粉行为，为无效传粉媒介。

二、秤锤树和狭果秤锤树繁殖生物学特征

在武汉植物园内，迁地保护的秤锤树一年开一次花，花期从 3 月底到 4 月底，不同植株之间的花寿命为（10.95±0.39）天。狭果秤锤树一年开花一次，从 4 月初到 5 月初，不同植株之间的花寿命为（5.46±0.54）天。秤锤树比狭果秤锤树开花早 7 ～ 14 天。秤锤树和狭果秤锤树两个种间的花期重叠有 14 ～ 20 天，但盛花期仅重叠 3 天。

在秤锤树和狭果秤锤树整个花期，黄胸木蜂、中华蜜蜂、食蚜蝇是最常见的访花昆虫。昆虫身上的毛状物附有花粉粒。盛花期访花昆虫对秤锤树的平均访花频率为（6.0±1.26）次 /15min，盛花后期访花昆虫对秤锤树的平均访花频率为（2.63±0.94）次 /15min。盛花前期，访花昆虫对狭果秤锤树的平均访花频率为（1.5±0.57）次 /15min。盛花期，访花昆虫对狭果秤锤树的平均访花频率为（7.50±1.19）次 /15min。阴雨天，访花昆虫对秤锤树和狭果秤锤树两

个种的访花频率几乎为 0。

研究结果表明，秤锤树和狭果秤锤树两个种都不能进行孤雌生殖。以秤锤树为母本，狭果秤锤树为父本，平均结实率为 65.52%±4.60%，平均结籽率为 1.35%±0.21%。以狭果秤锤树为母本，秤锤树为父本，平均结实率为 75.87%±3.45%，平均结籽率为 0.92%±0.15%。两种杂交组合内，平均结实率和平均结籽率之间也没有显著差异。

秤锤树和狭果秤锤树杂交障碍可能存在于传粉后阶段，包括花粉在异质柱头上的萌发、花粉管生长、受精、杂交胚发育成熟等过程。对于原始分布区上不相重叠的秤锤树和狭果秤锤树而言，人工授粉能够成功杂交，并顺利产生种子，表明秤锤树和狭果秤锤树之间不存在传粉后的杂交障碍，类似的情况也存在于刺桐属（*Erythrina*）、柳属（*Salix*）、桉属（*Eucalyptus*）、银合欢属（*Leucaena*）等物种内。

三、长果安息香繁殖生物学特征

长果安息香的主要传粉者是蜜蜂，风力传播的花粉可以忽略不计。长果安息香种子主要以重力传播，因此种子介导的基因流非常有限。居群间较大的距离会阻止小型昆虫的传粉，所以由花粉介导的居群间基因流不太可能发生在距离很远的群间。在长果安息香的人工授粉试验中，自交和异交在结籽率上存在显著性差异。长果安息香居群内存在较高的远交率，平均值为 0.88，表明其交配系统以远交为主。然而，长果安息香种子散布和花粉传播的机制不能很好地解释目前较低水平居群间的遗传分化。

第三节

扦插繁殖

武汉大学李家儒老师和武汉植物园江明喜老师团队建立了黄梅秤锤树规模化扦插繁殖新技术，这种技术是大规模培育黄梅秤锤树种苗，实施黄梅秤锤树近地保护、迁地保护、野外自然回归的前提和基础。野生黄梅秤锤树主干不明显、呈丛生状态，其株型特征限制了其在园林绿化工程上的应用。因此，在规模化扦插培养过程中，培养主干突出、树形优美的黄梅秤锤树大苗，并直接应用于园林绿化工程，既是规模化扦插繁殖的技术关键，也是对黄梅秤锤树的有效保护。

一、黄梅秤锤树的扦插繁殖

1. 扦插苗床准备

选择土层深厚、疏松肥沃、排水良好、中性或微酸性的沙质壤土来制作苗床。苗床规格长×宽×高为10m×1.2m×0.25m，苗床上层为8～10cm的河沙，用3%高锰酸钾土壤消毒，如果是新采河沙则无须消毒。采用塑料薄膜小拱棚覆盖苗床，顶高45～60cm。小拱棚上面再覆盖透光度30%～40%的遮阳网，用顶高1.8～2.5m的弧形钢架支撑。塑料薄膜小拱棚与遮阳网独立控制扦插苗床温度和湿度（图6-7、图6-8）。

图6-7　龙感湖国家级自然保护区内黄梅秤锤树扦插苗床

2. 插穗选择

在6月下旬至7月上旬，选取当年生半木质化、无病虫害、芽眼饱满的黄梅秤锤树嫩枝，制作插穗，插穗上平口、下斜口，穗长7～10cm、直径0.3～0.4cm，4～6节，插穗上端保留1～2片叶。应注意合理安排扦插时间，确保穗现采现用（图6-9）。

图 6-8　龙感湖国家级自然保护区内黄梅秤锤树扦插繁殖苗圃

图 6-9　龙感湖国家级自然保护区育苗基地黄梅秤锤树插穗处理

3. 生根剂配制

配制黄梅秤锤树专用生根剂，分别称量定量的 α- 萘乙酸（α-NAA）和吲哚丁酸（IBA）后混装，先用少许酒精充分溶解，再用清水定容，配制成浓度分别为 250mg/L 的 α-萘乙酸和 250mg/L 吲哚丁酸（IBA）的混合溶液，使用该生根剂处理插条 6～8 周后，扦插生根率达 97%。生根剂需要现配现用。黄梅秤锤树优养主干的关键是抑制主干以外的萌蘖。通过高密度种植和萌蘖抑制剂喷洒调控大苗株型，培育出大苗干型优美的黄梅秤锤树扦插苗，其可用于黄梅秤锤树近地保护、迁地保护、自然回归和园林绿化，具有良好的开发和应用前景。

4. 扦插

将 50～100 个插穗扎成一捆，捆扎过程中注意保持插穗的极性一致。插穗基部插入现配的生根剂内浸泡 25～35s，取出后直接扦插。插穗株行距为 5cm×10cm，扦插深度为插穗长度的 1/2～2/3。扦插完后在插穗上喷洒 50% 多菌灵 500 倍液，覆盖塑料薄膜小拱棚和遮阳网（图 6-10）。

图 6-10　龙感湖国家级自然保护区育苗基地黄梅秤锤树扦插

5. 插穗生根与扦插小苗管理

扦插后精准控制插床温度和湿度，插床基质湿度以手捏河沙松开不结块为度，插床空气相对湿度保持 80%～90%；塑料薄膜小拱棚内最高温度不超过 39℃。保持上述温、湿度，及时清除床面杂草，保证扦插苗生长环境稳定，6～8 周即可生根（图 6-11～图 6-16）。

图 6-11　龙感湖国家级自然保护区育苗基地黄梅秤锤树扦插苗浇水管理

图 6-12　龙感湖国家级自然保护区育苗基地黄梅秤锤树扦插定期检查

图 6-13 龙感湖国家级自然保护区育苗基地黄梅秤锤树扦插苗阴棚保护

图 6-14 龙感湖国家级自然保护区内黄梅秤锤树扦插苗新枝萌发和根系生成

图 6-15 龙感湖国家级自然保护区内黄梅秤锤树扦插苗

第六章 黄梅秤锤树繁殖生物学研究 107

图 6-16　龙感湖国家级自然保护区内黄梅秤锤树扦插苗移栽

6. 大苗培育

扦插苗次年春季移栽，株行距 0.4m×0.5m，株型不好的小苗需平茬，该移栽密度可以有效抑制树干根茎部萌条发生和生长。扦插苗移栽二年后，再进行第二次移栽，株行距 1.5m×1.5m，苗高 1.2m 定干（图 6-17）。移栽密度大有利

图 6-17　龙感湖国家级自然保护区内黄梅秤锤树定干苗

于抑制黄梅秤锤树苗侧枝发生，促进通直主干发育，培育优美株型。大苗培育过程中，要及时人工去除干基部的萌蘗，去除后喷洒萌蘗抑制剂抑制萌芽，降低人工劳动强度，提高劳动生产率。萌蘗抑制剂为 200mg/L 的 α-NAA 溶液，配制方法为：称取适量 α-NAA，先用少许酒精充分溶解，再用清水定容至所需体积，现配现用。

二、秤锤树属其他物种的扦插繁殖

1. 秤锤树

（1）扦插成活率情况　中国科学研究院于 11 月中旬采集 5 年龄秤锤树成年母株的中上部外围枝条为插穗（长度 10～12cm），上部剪成平口，在下部芽点 5mm 处剪成斜口后，蘸生根粉再插入阳畦沙床中（有机土和河沙为 6：4 配制），畦内灌足底水，成活率达到 61.5%。用 500mg/L 的植物生长调节剂 NAA 速插秤锤树的插穗，扦插在中粗河沙：砻糠灰：珍珠岩（1：1：1）的混合基质中，在全光照自动间歇喷雾条件下，5 年龄当年生秤锤树嫩枝扦插的生根率可达到 90.56%，60 年龄当年生嫩枝扦插生根率达 59.98%。

南京林业大学森林资源与环境学院科研团队在牛首山林场对 2 年生秤锤树实生苗进行露地扦插，基质为 0.3% 高锰酸钾消毒的珍珠岩，插穗 20 枝扎成 1 捆，在 ABT 6 号生根粉溶液（200mg/L）中处理 4h。硬枝扦插在 3 月下旬进行，人工浇水，插后 20 天左右皮层出现愈伤组织，50 天左右出现乳白色新根。嫩枝扦插在 6 月下旬进行，采用间隙自动喷雾浇水，7 天皮层出现愈伤组织，20 天左右出现乳白色新根。不定根生长迅速，65 天可长至 1.5～4.0cm。插穗的愈伤组织、皮部、皮部和愈伤混合处均可以萌发不定根，大部分均匀着生，极少数偏生（图 6-18）。发根部位在离插穗茎基部 1cm 之内，基部腐烂的插穗常长出高位不定根。在维管射线与维管形成层接触的部分可以产生不定根原基，产生不定根的形成层细胞偏大，维管形成层细胞分裂，细胞质变浓，细胞排列紧密，以后分裂细胞增多形成分生组织团块，进而分化出不定根原基。初期的根原基外形为近圆形，随后中心和外围细胞继续分裂形成一个指状根原基，根原基经过细胞分裂和伸长，有根冠保护后分泌一些物质溶解周围的组织，形成不定根。硬枝生根时间较长且成活率低。顾永华等对秤锤树 1 年生的嫩枝、硬枝进行扦插，生根率高达 87.78%。

图 6-18　秤锤树扦插生根过程（张颖，2009）

（a）硬枝插穗产生的愈伤组织；（b）硬枝插穗的不定根；（c）嫩枝插穗的愈伤组织及皮部白点；
（d）嫩枝插穗皮部开裂；（e）嫩枝插穗的不定根；（f）插穗的愈伤生根；（g）插穗的皮部生根；
（h）插穗混合生根

中山陵园管理局发明了老龄秤锤树的组织培养方法：选择选育的多年生老龄秤锤树腋芽茎段为外植体，70% 酒精消毒 40 ～ 50s，再用 0.1% 升汞溶液（100mL 添加 1 ～ 2 滴吐温 20）灭菌 10 ～ 12min，无菌水冲洗 3 ～ 5 次后，接种到启动培养基（含玉米素 1.0 ～ 2.0mg/L、6- 苄基腺嘌呤 0.5 ～ 2.0mg/L、α- 萘乙酸 0.01 ～ 0.2mg/L）上，置黑暗条件下培养 10 ～ 15 天，再光照培养（1500 ～ 2000lx，每日 15h，温度 20 ～ 25℃，湿度为 50% ～ 60%）45 天，得到分化的试管芽苗。得到的芽苗剪切后转接于增殖培养基（含玉米素

1.5～2.5mg/L、6-苄基腺嘌呤1.0～2.0mg/L、α-萘乙酸0.01～0.1mg/L，柠檬酸50～100mg/L）上进行增殖培养。将增殖的试管芽苗剪切后接种于壮苗培养基（含玉米素0.5～1.0mg/L、6-苄基腺嘌呤0.5～1.0mg/L、α-萘乙酸0.05～0.2mg/L、柠檬酸50～100mg/L）培养35天。壮苗去掉基部的愈伤组织和部分叶片，留3～4片叶片，接种于生根培养基（含α-萘乙酸0.3～0.8mg/L、吲哚乙酸0.5～1.0mg/L、柠檬酸100～150mg/L）培养7～10天。

将带有根原基的无根小苗取出清洗，移栽到泥炭：黄心土（1：1）的基质中，浇透水，25℃培养，相对湿度85%以上，前7天遮光70%，后逐渐见光，20天后生根成活，生根率达90%以上，全光照培养45天左右。老龄秤锤树的组织培养所用的基本培养基包含成分：四水硝酸钙371～417mg/L、硝酸铵268～300mg/L、硫酸钾600～675mg/L、七水硫酸镁248～278mg/L、磷酸二氢钾115～128mg/L、二水氯化钙72～96mg/L、四水硫酸锰22.5mg/L、七水硫酸锌8.6mg/L、硼酸6.2mg/L、五水硫酸铜0.25mg/L、二水钼酸钠0.25mg/L、七水硫酸亚铁34.1mg/L、乙二胺四乙酸钠46.6mg/L、维生素B_1 1.0mg/L、维生素B_6 0.5mg/L、维生素B_5 0.5mg/L、甘氨酸2.0mg/L、肌醇100mg/L、蔗糖20000mg/L、卡拉胶6500mg/L。

（2）扦插过程中营养成分变化　秤锤树的嫩枝扦插时，插穗内的可溶性糖含量总体上是先下降后上升。在前7天，愈伤组织形成需要消耗营养，因此插穗内可溶性糖含量下降。2年龄母树插穗细胞代谢活动旺盛，消耗较多营养物质形成愈伤组织，下降率达到67.9%，10年龄母树插穗下降率为31.5%。扦插14天和28天是不定根启动和延伸的阶段，插穗内贮藏的淀粉加速分解，同时形成的愈伤组织吸收水分和养料作用加强，因此插穗内的可溶性糖含量上升。

嫩枝扦插时插穗内淀粉含量在前7天略上升后一直下降，但28天后有所回升。叶片内的淀粉含量一直在减少，扦插0～14天时插穗上原有的叶片逐渐变黄枯萎，叶片脱落前把能再利用的物质转移贮存，方便再次利用；14天后新叶萌发、伸展，因此淀粉含量有所回升。在扦插前，2年龄的秤锤树母树插穗的C/N值为3.06，10年龄母树的C/N值为2.90。从愈伤组织（7天）到不定根的出现（14～21天）为根诱导的关键阶段，插穗内C/N值变化不大，到21天大量根出现时已经相差不大了。2年龄的插穗C/N值在14天时有一个峰值，并明显大于其他组。

10年龄秤锤树母树插穗内蛋白质的含量高于2年龄插穗，母树年龄越大插穗内积累的蛋白质含量越高。扦插7天后，蛋白质含量降到谷值为愈伤组织的形成提供构成新细胞的物质，下降率最大的是2年生插穗。7～21天后，根诱导形成，合成了多种酶参与一系列代谢，嫩枝叶片内的蛋白质部分转运到枝条中，插穗内蛋白质含量增加。插穗叶片内的可溶性蛋白质含量在扦插过程中基本上处于上升状态，各阶段上升幅度不一样而且有波动。

磷在糖类代谢、蛋白质代谢和脂肪代谢中起着重要的作用，磷缺少时蛋白质合成受阻，新的细胞质和细胞核形成减少，影响细胞分裂，生长缓慢。前7天，母树年龄越小代谢相对旺盛，插穗内积累的磷含量越高，因此2年龄秤锤树母树插穗内磷元素高于10年龄母树插穗。插后14天和28天，嫩枝扦插过程中磷含量出现两个峰值，可能是从衰老的母叶转运过来满足愈伤组织和不定根的生命活动所需。

（3）扦插过程中酶活性变化　吲哚乙酸有促进伤口愈合、不定根形成等作用。吲哚乙酸氧化酶（IAAO）能促进吲哚乙酸的氧化降解。在嫩枝扦插过程中，IAAO活性在第7天和第21天分别达到高峰值。扦插初期，2年龄母树插穗内IAAO活性略高于10年龄母树插穗；扦插后，10年龄的母树插穗IAAO活性迅速上升后又随着生根进程有所下降和波动，而2年龄母树插穗IAAO活性只在插后7天左右有波动；扦插后14～28天期间，2年龄母树插穗内IAAO活性均小于10年龄母树插穗，从而促进了根原基的形成。嫩枝插穗叶内IAAO活性在插后7天和28天有2个峰值，谷值分别在扦插后21天和35天出现。

过氧化物酶（POD）是呼吸酶的一种，能催化酚类物质和吲哚乙酸IAA形成生根辅助因子"IAA-酚酸复合物"，能促进不定根形成。在秤锤树整个扦插过程中，插穗内多酚氧化酶（PPO）活性在第7天时上升到最大值，第1次最大值的出现可能与插穗切口刺激有关，第2次最大值的出现可能与生成的"IAA-酚酸复合物"的量有关。

扦插生根率与多酚氧化酶活性呈正相关（$r= 0.9214$），与插穗中吲哚乙酸氧化酶和过氧化物酶活性呈负相关（$r=-0.9945$和$r=-0.6613$）。扦插初期生根促进剂提高插穗过氧化物酶活性增强对逆境产生了一定的抵抗力，扦插后期抑制了过氧化物酶活性。嫩枝插穗内过氧化物酶、多酚氧化酶活性在扦插初期逐渐上升，第7天上升到高峰后下降再上升，第21天达到新高峰然后再下降，酶活性上升分别在愈伤组织形成、根原基诱导阶段，但是上升幅度不一样。

2. 肉果秤锤树

选用肉果秤锤树成年枝条，去除叶片，枝条长度为10～15cm，宽度为0.5～0.9cm，扦插时保持湿润，适当遮阴，培养25天。在未处理土壤上直接进行扦插，枝条侧芽萌发率为11.25%，出嫩芽速度相对要慢、叶子较小。肉果秤锤树在添加稀释 1200 倍超强生根溶液的土壤中，扦插枝条侧芽的萌发率高达 40%，出嫩芽速度较快、同期叶片相对较大。在生根溶液处理过的土壤中进行肉果秤锤树的扦插是人工扩建种群的可行办法（图 6-19）。

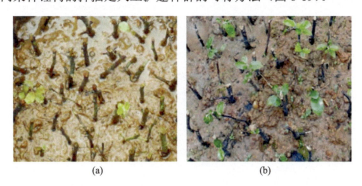

(a)　　　　　　　　　　　　　(b)

图 6-19　肉果秤锤树扦插繁殖（范晶等，2015）

（a）未处理土壤扦插；（b）添加稀释 1200 倍生根粉溶液土壤扦插

乐山师范学院发明了肉果秤锤树的扦插繁育装置，包括水槽装置、繁育主体装置和支撑装置。繁育主体装置包括主体箱、主体固定件、喷雾器，主体固定件位于主体箱的两边，喷雾器放置在主体箱的上面，主体箱的底部设有主体箱排水孔，主体箱内填充培养土，然后将肉果秤锤树的枝条插到土壤中，培养液和水通过喷雾器雾化后从土壤的上层表面浸入主体箱内部，多余的培养液通过主体箱底部的主体箱排水孔流入水槽装置中。该装置结构简单，使用方便，制作成本较低（图 6-20 ～图 6-22）。

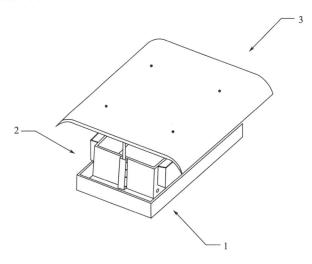

图 6-20　一种肉果秤锤树扦插繁育装置的总装配结构示意图（CN 214545786U）

1—水槽装置；2—繁育主体装置；3—支撑装置

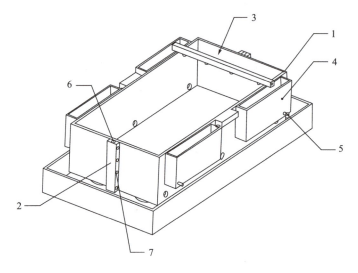

图 6-21　水槽装置和繁育主体装置安装结构示意图（CN 214545786U）
1—主体箱；2—主体固定件；3—喷雾器；4—枝条浸泡箱；5—枝条浸泡箱管；
6—主体固定件第一孔；7—主体固定件第二孔

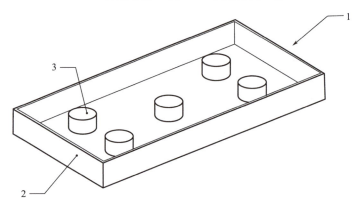

图 6-22　水槽装置的结构示意图（CN 214545786U）
1—水槽装置；2—水槽箱；3—水槽支撑柱

第四节

组织培养繁殖

一、黄梅秤锤树组织培养

利用植物组织培养技术能实现黄梅秤锤树大规模脱毒苗的生成。中国科学院华南植物园曾宋君老师课题组以黄梅秤锤树成年树的当年生幼嫩茎节为外植体，通过外植体的消毒、不定芽诱导、不定芽继代增殖、生根壮苗培养、试管苗移栽等阶段，优化出最佳培养基和培养条件，实现了黄梅秤锤树种苗的规模化组织培养繁殖，有利于黄梅秤锤树种质资源的保护和可持续利用。

1. 外植体的消毒和不定芽诱导

在生长季节选取黄梅秤锤树成年树的当年生幼嫩茎节为外植体，先在体积分数 75% 酒精中浸泡 10～30s，再用质量分数 0.1% 升汞溶液消毒 4～6min，然后用无菌水冲洗 4～5 次后，继续用质量分数 0.1% 升汞溶液消毒 4～6min，用无菌水冲洗 4～5 次，消毒成功率可以达到 70% 以上。

经消毒处理后，接种到不定芽诱导培养基中培养。不定芽诱导培养基每升含有：6- 苄基腺嘌呤 1.0～3.0mg、蔗糖 20～30g、琼脂适量，其余为 1/2 MS 培养基，pH 值为 5.8～6.0。MS 培养基为国际通用的培养基，所述的 1/2 MS 培养基是将 MS 培养基中的大量元素浓度减半，而其他成分浓度不变而形成的培养基。培养温度 24～28℃，光照强度 1500～2000lx，光照时间 12～16h/d，培养形成不定芽。

2. 不定芽继代增殖

将诱导的不定芽切割成单芽，在不定芽继代增殖培养基中进行不定芽的增殖，即继代培养。不定芽继代增殖培养基每升含有 6- 苄基腺嘌呤 0.5～1.0mg、萘乙酸 0.1～0.3mg、椰子汁 5～15mL、蔗糖 20～30g、琼脂适量，其余为改良的 WPM 培养基（硝酸铵改为 500～800mg/L，其余成分不变），pH 值为 5.8～6.0。培养温度 24～28℃，光照强度 1500～2000lx，光照时间 12～16h/d。30 天为 1 个继代增殖周期，每 1 个继代增殖周期后的增殖倍数为 5～7 倍。

3. 生根壮苗培养

当不定芽长到 2～3cm 高时，切下不定芽接种到生根培养基中培养。生根培养基每升含有 IBA 的量为 0.5～1.5mg、蔗糖 15～20g、琼脂 6g，其余为 1/2 MS 培养基，pH 值为 5.8～6.0。培养温度 24～28℃，光照强度 2000～2500lx，光照时间 12～16h/d，得到生根试管苗，培养 30 天时生根率可达 85%～95%。

4. 试管苗移栽

生根试管苗长至 4～5cm 高时，在自然光照下炼苗 7～10 天，洗掉根部培养基，栽入栽培基质中培养，由此得到黄梅秤锤树种苗。栽培基质为泥炭土、珍珠岩、蛭石，其体积比为（2～4）：（1～3）：1。黄梅秤锤树试管苗移栽成活率可达80%～90%。

二、秤锤树组织培养

1. 愈伤组织诱导

取秤锤树当年生枝条，去叶片，软毛牙刷蘸液体皂轻刷，然后用流水冲洗30min。切割枝条，每2～3cm为一段，无菌条件下70%酒精浸泡30～50s，转移至0.1%的升汞溶液中消毒8～10min，再用无菌水冲洗3～5遍，接种到启动培养基上：①改良MS培养基（除钙盐外大量元素为MS的3/4）+6-BA（1.5mg/L）+噻苯隆（TDZ，0.05mg/L）+ IBA（0.1mg/L）+3%食用白砂糖+0.7%卡拉胶；②改良MS培养基+6-BA（1.0mg/L）+TDZ（0.05mg/L）+ IBA（0.1mg/L）+3%食用白砂糖+0.7%卡拉胶。在温度25～28℃、光照时间12h/d、光照强度2000lx的条件下培养25～30天，第一种培养基上外植体萌动较早，长出新梢，分枝较多，基部有少量愈伤组织；第二种培养基上的外植体萌动较迟，新梢分枝较少，愈伤组织较大。

2. 分化培养

将启动培养基上新长出的梢切下，转到改良的MS分化培养基上：MS+6-BA（1.0mg/L）+TDZ（0.05mg/L）+IBA（0.05mg/L）+3%食用白砂糖+0.7%卡拉胶。在温度25～28℃、光照时间12h/d、光照强度2000lx的条件下分化培养10～12天后，侧芽发生并正常生长，培养30天，侧芽增殖达4.8倍。

3. 生根培养

将2～3cm高的无根芽苗接种到生根培养基上：1/2MS+IBA（0.5mg/L）+NAA（0.3mg/L）+2%食用白砂糖+0.7%卡拉胶。在温度25～28℃、光照时间12h/d、光照强度2000lx的条件下培养20天，试管苗生根3～5条，且根均匀整齐，生根率达到97%以上。

4. 移栽

从培养基上取出3cm高且具有3～5条0.5～1.0cm长新根的生根苗，

移栽至蛭石∶珍珠岩∶泥炭（6∶3∶1）的混合基质中。用拱棚覆盖保湿15～20天，相对湿度为85%～90%，温度在30℃以下，遮阴，逐渐去掉小拱棚，以适应环境。35天后试管苗成活率达92%以上。

以秤锤树4月份的叶片为外植体，采用无菌水冲洗3次+75%酒精处理30s+0.1%升汞处理1～5min+无菌水冲洗3次的方式进行灭菌处理，将其接种到WPM培养基+2,4-D 2.0mg/L+6-BA 1.0mg/L+蔗糖20g/L+琼脂8g/L的培养基中，可得到组培苗。结果表明，用升汞进行1min和3min表面消毒处理诱导产生的愈伤组织中，可溶性蛋白含量显著低于用升汞处理5min诱导的愈伤组织。用升汞进行3min和5min表面消毒诱导产生的愈伤组织，表现出更好的耐盐性。

在选育的5年生秤锤树优良母株上，取腋芽茎段和顶芽作为外植体，以改良MS培养基+6-BA 1.0mg/L+TDZ 0.05mg/L+IBA 0.05mg/L+维生素C 50mg/L+3%蔗糖为芽苗增殖培养基，培养30天得到秤锤树芽苗。此外，从秤锤树叶片中分离的内生菌球毛壳的F菌株和H菌株，对秤锤树无菌种子苗的株高具有明显促进作用。

以改良MS培养基+IBA 0.5mg/L+TDZ 0.05mg/L+IBA 0.1mg/L+维生素C 50mg/L+3%蔗糖为壮苗生长培养基。壮苗培养长至2～3cm的秤锤树试管芽苗接入生根培养基中1/2MS+IBA 0.5mg/L+NAA 0.3mg/L+维生素C 100mg/L+2%蔗糖，培养7天后基部出现愈伤组织，12天后基部分化许多根点，18天后生长白色小根。将生根试管苗移栽于蛭石∶珍珠岩∶泥炭（6∶3∶1）的混合基质上。控制温度20～30℃，相对湿度85%～90%，保湿15～20天，适当遮阴处理，35天后成活率达92%以上。移栽成活后小苗生长迅速，30天后小苗高达10cm。

第五节

种子繁殖

与扦插苗和组培苗相比，实生苗的根系发达、病虫害抵抗能力强、后期成活率高、生长速度快、长势健壮。秤锤树属种子有厚实的中果皮，成熟后木质化，中果皮内还有一层坚硬的内果皮（图6-23）。大粒种子千粒重为1300～1400g、中粒种子千粒重为700～850g、小粒种子千粒重为

400～550g。千粒重、有仁率均会根据生长发育条件的差异发生相应变化。种皮透水性能好，但是透气性差。肉果秤锤树果实中含有水溶性和酯溶性抑制物成分，且主要存在于果肉中，因此运用机械破损、水浸法、化学药剂处理，可以促进种子萌发。离体胚培养研究发现，秤锤树种子不存在胚休眠，离体胚在30天时间内可以全部萌发。以前人们对秤锤树属植物的种子特性不了解，常采用传统的干燥贮藏、水浸沙藏的方法处理种子，导致种子出芽率极低。研究黄梅秤锤树种子的休眠和萌发，有利于对濒危物种的保护，也有利于迁地保护过程中的播种繁殖及种子种质的长期保存，同时可为植物园开展生物多样性保护提供依据。

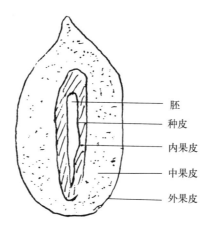

图 6-23　秤锤树果实结构（徐本美等，2008）

一、种子活力测定

采用红墨水快速测定黄梅秤锤树等秤锤树属物种的种子活力：种子去掉种皮，保留完整的种仁粒。待测种子在 30～35℃温水中浸泡，种子充分吸胀后用红墨水和蒸馏水以 1∶1 配比后进行染色，将染色后种子放入培养皿中置于 20℃培养箱中培养 15min，染色后倒去红墨水，用水冲洗多次，至冲洗液无色为止，观察种子染色的程度。有生活力的种子胚部细胞的原生质具有半透性，选择吸收外界物质，胚不着色。丧失生活力的种子胚部细胞原生质膜丧失了选择吸收的能力，染料进入细胞内，胚部染色。依据此方法测定的秤锤树种子染色比例小于35%，说明种子生活力较强，且各组中种子生活力差异不明显。

二、种子萌发处理

黄梅秤锤树的种子种皮坚硬，会严重阻碍种子的萌发，种子采摘后可直接用质量浓度为 1.84g/mL 的浓硫酸酸蚀处理，根据果实大小浸泡 20～60h 不等，浸泡至用力揉搓能捏碎内果皮即可，可以解除种皮的机械束缚。酸蚀时间短则会导致种皮没有被完全腐蚀，种子萌发差；酸蚀时间太长会使种胚受损，影响种子的萌发。酸蚀过的种子用流水夜晚冲洗 16～20h，日晒 2 次（第一次 2h、第二次 1h），以种皮出现细裂缝为度，不能晒干种仁，以防丧失生活力。种子经过酸蚀后，种皮变薄，减小了种皮的机械束缚力，然后进行裂口处理，使种皮产生裂缝，增强种子的透气性，再用 500mg/L 赤霉酸溶液浸泡 1h，最后进行低温层积处理。经过上述处理的种子萌发力最强，沙藏 60～80 天效果最佳，可以显著促进种子萌发，建议在第二年春季播种。在种子萌发启动时，脱氢酶活性开始增强（图 6-24）。

图 6-24　黄梅秤锤树第二年种子苗出土

根据对秤锤树种子萌发的研究，10 月底采集的种子，酸蚀 2 天效果最佳。经 500mg/L 赤霉酸浸泡 24h，处理后的种子与经 0.1% 高锰酸钾消毒的湿沙混合，放入瓦盆中，盆口用塑料布扎紧，将瓦盆置于约 20cm 深的土坑中，经过 1 个冬季室外低温层积处理，秤锤树的种子发芽率达到 40.18%。研究还表明，秤锤树沙藏处理 3 个月的种子启动快，能量水平高，平均 ATP 含量可以达到 3.989nmol/（g·FW），显著高于对照种子的 1.311nmol/（g·FW）。沙藏处理的秤锤树种子在层积 130 天时，GA_3 及 IAA 含量显著大于对照组，而 ABA 含量明显小于对照组。

三、整地播种

对园圃的土地进行深耕细耙，施足底肥，并用 1% 的高锰酸钾对土壤进行消毒处理。平地开沟，进行条播，沟深 2 ~ 3cm、宽 5cm、行距 20cm，覆盖薄膜保温保湿处理。

四、苗期管理

黄梅秤锤树与属内其他物种一样，喜潮湿且不耐旱的环境，因此幼苗出土后浇水遵循"及时、均匀、不过量"的原则，在 10 月下旬进行冬灌。幼苗出土后，置高棚遮阴（遮阴率 50%）可有效避免幼苗被日光灼伤，待幼苗长出 7 ~ 8 片真叶时拆除遮阴网。9 月份后开始落叶，光合作用减弱，所以可减少浇水次数，以提高幼苗木质化程度。秤锤树属植物不易发生病虫害，偶尔有枯叶病或者叶斑病，需要将病变枝条剪下焚烧进行人工防治。4 年生的种子苗高度可以达到 0.8 ~ 2.2m。

第六节
栽培后期管理

在种植时选择优良健康、抗病性好的秤锤树品种。黄梅秤锤树的病虫害防治以农业措施预防为主、化学药剂方法防治为辅。

一、肥料管理

黄梅秤锤树的栽培用肥以有机肥和氮磷钾肥为主，可以参照秤锤树的使用标准：有机肥 800 ~ 1000kg/ 亩，尿素 50 ~ 60kg/ 亩，磷酸二氢钾肥 30 ~ 40kg/ 亩，硫酸钾肥 10 ~ 20kg/ 亩。增施肥料的时间为冬季。

二、水分管理

保持土壤湿润即可，避免积水，加强田间通透性，及时清除杂草，保持排灌通畅。

三、病虫害防治

出现少量病叶时，及时剪除并集中进行烧毁处理。

在易发病和发病较重的地块，进行化学防治。发病前可以适当喷洒体积比1∶2∶200的波尔多液，并用40%氧乐果乳油3000倍液喷杀，每隔10～15天喷一次，共喷4～6次。发病初期可以使用10%苯醚甲环唑水分散颗粒剂3000倍液喷洒发病的秤锤树植株，每隔10～15天喷一次，共喷3～4次。少量病叶剪去枯死部分后，在断面的正反两侧涂抹硝酸咪康唑软膏。发病严重期，可以使用10%的苯醚甲环唑水分散颗粒剂1000倍液喷洒发病的秤锤树植株，每隔5～10天喷一次，共喷3～4次（图6-25）。

图 6-25　龙感湖国家级自然保护区内黄梅秤锤树的白蚁防控

四、林间管理

加强田间通透性，控制田间株行距为（15～20）cm×25cm。

第七章

黄梅秤锤树保护策略

龙感湖国家级自然保护区管理局高度重视黄梅秤锤树的保护工作。在原生林保护方面，实行全封闭管理，聘请专人看护，定期进行资源调查并建档挂牌，每年进行病虫害防治。在近地保护和迁地保护方面，通过扦插和种子育苗培育了 6000 余株黄梅秤锤树，并在原始林附近建设了 5 亩人工林，栽种 1000 余株，同时在湿地科普馆苗圃和通村公路边栽种了 500 余株（图 7-1）。此外，2022 年，通过申报项目，建设了以黄梅秤锤树保护为主题的科普示范园，成功引进了全部 6 种秤锤树属树种，仅黄梅秤锤树就栽种了 300 余株，建成了秤锤树属种质资源圃。多年来，通过与中国科学院武汉植物园、黄冈师范学院等研究机构合作，取得了丰硕的科研成果。

图 7-1　龙感湖国家级自然保护区黄梅秤锤树人工繁育林

第一节

濒危物种保护政策

1993 年 12 月 29 日，联合国《生物多样性公约》生效，中国是最早签署和批准《生物多样性公约》的国家之一。

2005 年，云南省首创提出"极小种群物种拯救保护"理念。自 2005 年来，从理念到行动，从地方到全国，拯救保护极小种群物种的行动已成为广泛共识。

2019 年 2 月 13 日，国务院副总理韩正在北京主持召开中国生物多样性保护国家委员会会议。

2019 年 9 月 3 日，《生物多样性公约》第十五次缔约方大会（COP15）在北京召开，大会的主题为"生态文明：共建地球生命共同体"。

2022 年 12 月，《生物多样性公约》第十五次缔约方大会（COP15）第二阶段会议在加拿大蒙特利尔召开。主会场的"中国角"举办了包括以"极小种群物种和生物多样性保护"为主题的边会。黄梅秤锤树是我国 120 个极小种群野生植物之一。

第二节

未来潜在分布区预测

在进行物种保护时必须考虑气候变化的影响，因此采用物种分布模型评估气候变化对珍稀濒危黄梅秤锤树的影响，分析环境和黄梅秤锤树之间的关系，预测不同气候变化条件下黄梅秤锤树生境的变化至关重要。杨腾等（2020）结合 ArcGIS 和最大熵模型（MaxEnt），对当前黄梅秤锤树在内的秤锤树属物种潜在分布格局进行预测，并对历史和未来分布格局进行模拟，确定了受威胁黄梅秤锤树的人工恢复位点和迁地保护位点。

在全面收集秤锤树属植物分布位点数据的基础上整合气候、土壤、植被数据，发现包括黄梅秤锤树在内的秤锤树属植物当前主要的潜在分布区为中国的亚热带地区，重点集中在长江中下游平原，纬度跨越 $25.42°\sim 31.84°$ N。秤锤树属植物的高适宜地主要在湖南、浙江（大部分）、河南、安徽、江苏南部地区，湖北和江西两省交界处，四川、贵州（小部分区域）等地区。其中，秤锤树属的高适宜度区域分布面积为 $4.07×10^4 km^2$，分布地区极狭窄。高适宜生境的特点是拥有适宜的气候条件、土壤类型和植被覆盖，这些因素共同构成了秤锤树属植物生长的理想环境。

物种分布模型能够评估环境和生物之间的关系，在生态学和物种保护领域都有广泛的应用。在环境变量建模中，得分越高的变量对物种分布的贡献越大。环境因子测试增益显示，最冷季度平均温度得分最高（超过 1.2），降水量变异系数、最冷季降水量得分均超过 1.0，以上 3 个因素均为影响秤锤树属植物分布的关键环境因子，其中最冷季度平均温度是最重要的环境因子。预测到 21 世纪 50～70 年代，随着温度的升高，秤锤树属植物的栖息地逐渐丧失，湖北、湖南、江西、浙江等地将失去大片的适宜栖息地；四川、重庆、河南等地新增少数适宜地，并且栖息地有向高纬度迁移的趋势。

预测到 21 世纪 50～70 年代，秤锤树属的高度适宜区范围包括湖北、湖南、河南、江西、安徽、浙江、江苏。此外，新疆地区的适宜性等级上升。但是随着温室气体排放的增多，高度适宜区分布的面积大体上是减少的。到了 21 世纪 50 年代，低、中、高三种温室气体排放情景下，高度适宜区面积分别为 $3.17×10^4km^2$、$3.34×10^4km^2$ 和 $2.86×10^4km^2$。到了 21 世纪 70 年代，低、中、高三种温室气体排放情景下，秤锤树属高度适宜区面积分别为 $3.38×10^4km^2$、$3.10×10^4km^2$、$1.38×10^4km^2$。同种温室气体排放情景下不同年份间相比，高排放情景下相差 51.74%，低排放情景、中排放情景差别不大。

预测结果凸显了气候变化对秤锤树属植物分布可能产生的重要影响，从而凸显了对这些濒危植物进行保护的紧迫性。研究提供了科学依据，有助于指导未来的保护措施。深入理解秤锤树属植物的当前分布状况及其在未来可能发生的变化，将有助于制定更为精准和有效的保护策略，以及保障秤锤树属植物的生存和繁衍。这些策略的实施，可为秤锤树属植物的长期续存提供更加稳固的基础。

第三节
黄梅秤锤树的迁地保护

一、迁地保护的必要性

迁地保护是将濒危植物迁入人工环境中，使得植物能够在理想的环境中生长，等生境恢复再释放回其原来的生境，从而达到保护的目的。生境恢复要花几十年甚至上百年，因此植物的迁地保护必须制定一项长期的、多代的保育工作计划。对于野外栖息地彻底丧失而导致的极度濒危或野外已灭绝物种，迁地保护是最好的保护方式，植物园是迁地保护稀有濒危植物最主要的场所。迁地保护是保证物种最终在野生环境下得以生存的重要途径，是总体保护策略的一部分，更是就地保护的补充，在回归引种中作用重要。自2002年以来，中国科学院启动了濒危植物迁地保护的长期规划。在第一个五年计划中：①在中国科学院所属的12个植物园中，迁地保护物种从约13000种增加到约21000种，达到本土所有物种的2/3以上；②植物园收集的珍稀濒危物种总数增加到约500种。迁地保护在濒危物种的恢复和回归引种中的作用日益增强。

目前，全球约30%的受威胁植物保存在180个植物园中。英国皇家植物园保存了2500种维管植物，其中包含2700种被IUCN列为稀有濒危的植物。美国由34个植物园（树木园）组成了植物保育中心，保存了600种美国本土的濒危植物，其中10%被列入重返自然计划。中国有约占世界10%的维管植物，其中还有一大批古老特有植物，140个植物园（树木园）引种保存了中国植物区系的植物约17000种，其中第一批国家重点保护植物约270种被引种保存。在迁地保护过程中，大量同属种被定植或者即将被定植在一起，有可能产生潜在的人为杂种或者渗渗种，从而引发遗传风险，如遗传多样性丧失、近交衰退、杂交衰退或遗传适应等。尤其在濒危物种野外回归时，问题更为突出。

在迁地保护过程中，同属植物容易被人为种植在一起，这会打破因地理隔离而存在的种间杂交障碍，增加原本相互隔离的物种间的杂交可能性（图7-2）。迁地条件下一旦近缘种间发生了自然杂交，将破坏迁地保护物种的遗传一致性，从而污染用于物种恢复或者回归引种的自由授粉种子或实生幼苗。因此，在植物园迁地保护中，如何定植迁地保护种，从而把杂交风险最小化是问题核心。杂交在就地保护和拯救灭绝植物方面作用重大，但是在迁地保护中对濒危植物的影响却鲜有报道。经历若干世代后，迁地保护种群中持续出现杂合子过量，可能导致一些纯合等位基因的丢失，有可能降低整个物种后代的遗传多样性。遗传变异的维持是物种保育计划的主要目标。物种遗传多样性对于植物回归引种十分重要，因此在迁地保护时应尽可能保护物种的遗传多样性。强大的遗传变异可能为将来回归居群恢复提供适应可塑性，从而确保物种对环境变化保持一定的适应能力，在迁地保护中，应保证100年内维持物种90%以上的遗传多样性，因此要采取适当的引种、取样、管理方法保持濒危植物足够的遗传多样性。与野生居群相比，中国科学院西双版纳热带植物园内的广西青梅（*Vatica guangxiensis*）人工居群涵盖了该物种83%的遗传多样性，表明广西青梅的迁地保护是成功的。

图 7-2　龙感湖国家级自然保护区内秤锤树属物种迁地保护

　　黄梅秤锤树是观赏树木，可以进行盆栽，产生一定的经济效益和观赏价值。秤锤树属植物地理分布较广，但每个物种的居群数量和居群大小均较小。黄梅秤锤树在龙感湖国家级自然保护区的生境地呈零星分布，种群更新能力极差，幼苗数量极少。除黄梅秤锤树外，秤锤树属的其他几个种均位于国家级保护区之外。迁地保护是将黄梅秤锤树移栽到不同区域的植物园或者适宜的野外迁地保护位点。随着温度的升高和气候的变化，秤锤树属植物的适宜分布区也会有所改变，在 21 世纪 50～70 年代，高适宜分布区的面积会大幅减少，同时也会出现新的适宜分布地。在气候变化最为剧烈的 2070 年高排放情景下，湖北、湖南、江西和安徽等地将会丧失大面积的高适宜地，消失的适宜地纬度跨越 25.18°～31.51°N。在未来气候变化中更应该加强秤锤树属植物的种群监测和保护，尤其是仅分布在湖北黄梅县的黄梅秤锤树。土壤因子在小尺度上对秤锤树属植物分布的影响较大，在大尺度上，物种分布主要受气候因子的影响。

二、已有的迁地保护措施

迁地保护"气候相似论"认为木本植物迁地引种成功的最大可能性取决于引种地与原产地是否具有相似的气候条件。英国皇家植物园迁地保存了2700多种濒危、受胁植物种，有效保护了濒危种群。自20世纪80年代以来，中国以各地植物园为骨干力量，引种栽培了稀有濒危植物400多种。武汉植物园、南京植物园、杭州植物园、上海植物园、九江珍稀濒危植物种质资源库、南京林业大学、南京明孝陵、郑州黄河游览区、南岳树木园、黄山植物园、青岛植物园、武汉大学等地，均有不同数量的人工迁地保育秤锤树属和长果安息香属植物，大部分种在迁居地生长状况较好。武汉植物园建了秤锤树属和长果安息香植物特有的种质资源圃。武汉植物园和南京植物园还繁殖了大量秤锤树幼苗，为秤锤树的回归引种奠定了坚实的基础。

黄梅秤锤树主要在武汉植物园进行了迁地保护。黄梅秤锤树迁地保护种群与野生种群在地理位置上略有差异，但二者均处于我国亚热带地区，温度、降水等气候条件非常相似。总体而言，黄梅秤锤树在武汉植物园的迁地保护种群生长良好，未发现明显病虫害，能够开花结实，基本符合"从种子到种子"的迁地保护成功标准。目前，武汉植物园迁地保护区内未见到黄梅秤锤树的实生苗，中国科学院武汉植物园内有1个黄梅秤锤树的迁地保护种群。此外，湖北气象局给出的数据表明，野生地和迁地保护区的年均气温（17.1℃和17.3℃）和年降水量（1430.5mm和1308.1mm）基本一致。野生居群海拔30m，迁地保护居群海拔80m。测定黄梅秤锤树果实和土壤样品中的元素含量，结果表明，除Ni元素外，土壤和果实中绝大多数元素的含量在野生居群和迁地保护居群间的变化规律不一致：野生种群土壤的C、N、P和K元素含量显著高于迁地种群；Mn、Ni和Zn元素含量则显著低于迁地种群；Ca、Mg、Al、B、Fe、Cu、Mo元素含量在迁地种群和野生种群土壤中没有显著差异。比较野生种群果实内的元素含量：Mn、Al元素含量显著高于迁地保护种群；Ni、Fe、Cu元素含量低于迁地保护种群；C、N、P、K、Ca、Mg、B、Zn、Mo等元素含量在2个种群产生的果实之间没有显著差异。黄梅秤锤树果实营养元素在2个种群间的差异并未表现出与土壤相似的变化规律，与肾叶铁线蕨（*Adiantum reniforme*）、疏花水柏枝（*Myricaria laxiflora*）的研究类似。

迁地保护和野生黄梅秤锤树种群中，土壤中C、P、K等主要元素含量的差异并未体现在果实中，果实对 C、P、K 等主要元素呈现明显的富集效应，但是并未明显富集土壤中的微量元素，对土壤中多数微量元素（Mn、Ni 除外）含量的反应表现出较大随机性。黄梅秤锤树迁地保护种群与原生生境的土壤理化性质不同，且具有一定的种间特异性。含有种子的果实比例在两个种群中差异不显著。含 2 颗种子的果实比例在迁地保护和野生地 2 个种群中差异并不显著。迁地保护种群内的果实重量略高于野生种群的果实重量。在优越的生境地内，黄梅秤锤树迁地保护个体可将更多的生物量分配到繁殖过程中，在一定程度上促进了迁地保护种群产生更大的果实。

果实长度、宽度、长宽比、重量等果实形态差异的决定因素并不是地理气候。武汉植物园中，工作人员为迁地的黄梅秤锤树提供了灌溉、排水、除草、病虫害防治等良好的抚育措施和适宜的微生境，极大避免了龙感湖湖岸带野生黄梅秤锤树种群面临的水淹、白蚁等威胁。综合迁地保护和野生地的 2 个黄梅秤锤树种群，果实长度、宽度的种内变异程度显著高于野生种群，果实长宽比和重量的种内变异程度在二者之间没有显著差异，即迁地保护种群果实形态性状的种内变异度并不低于野生种群。种内性状变异高的种群更加稳定，具有更大应对环境变化的潜力，依据"从种子到种子"的判断标准，结合黄梅秤锤树迁地保护种群和野生种群果实形态性状和营养状况的比较，表明黄梅秤锤树的迁地保护是成功的。武汉植物园空间有限，且迁地移栽主要以种质资源保存为主，不可能保存大量的同种植物，因此目前黄梅秤锤树的迁地保护仍然面临栽培种群较小的问题。

三、未来的迁地保护措施

植物迁地保护中存在多种遗传学风险。科学家对迁地保护物种的遗传风险提出了一系列问题：迁地保存的濒危植物种是否涵盖自然种群的大多数遗传多样性？在迁地环境中是否存在同物种不同居群或变种？已迁地保护的濒危植物中是否存在因传粉障碍或种群小而发生的近交衰退现象？亚种盲目定植在一起是否会引起远交衰退？遗传漂变作用突出是否降低了种群的遗传变异？濒危物种与近缘种定植是否因种间基因流导致遗传同化发生？迁地物种是否缺乏地方适应而降低后代的适合度？

在植物园迁地保护中，濒危植物的遗传学风险问题已引起植物园保护国际组织的高度重视。《植物园保护国际议程》（2001）一书中指出："植物应该注意并试图在保护收集区降低杂交、近亲繁殖（导致结种少和纯合性差）及不适当的远亲繁殖（如：同一物种的不同种群之间）风险。"油松种子园疏伐后，种子园交配系统发生了改变，即自交率升高，遗传多样性降低，显示出一定的遗传学风险。在天目山自然保护区内，迁地保护并没有有效地保护夏蜡梅的遗传多样性。对于广西青梅（*Vatica guangxiensis*）种群，迁地保护区的个体涵盖了用于维持种群长期生存和进化的代表性遗传变异，仍然需要从野生种群中进一步取样，以保证迁地保护地有更多的稀有基因。因此，在黄梅秤锤树迁地保护中，应借鉴其他保护植物的遗传风险，及时评价保护环境中的近交衰退、远交衰退等遗传学风险，并进行案例分析与研究。

我国植物园之间的种质交换频繁，且缺乏较为详细的记载，因此植物园现存的秤锤属植物可能来自少数几个单株的后代，导致秤锤属植物的迁地保护缺乏遗传代表性。今后黄梅秤锤树迁地保护时，应该详细记录种源，最大程度避免迁地保护环境下出现近交衰退或远交衰退等遗传学问题，并为回归引种种源配置提供基础资料。在建立保护区时，应综合考虑黄梅秤锤树未来适宜地的变化。野生秤锤树属植物资源大部分分布在海拔500m以下的沟谷和河畔，所以还应该考虑未来新增适宜地的土地规划，尽量减少对野外适宜分布区的干扰。由于全球变暖，秤锤树属植物有向高纬度迁移的趋势，这也是迁地保护需要考虑的因素。

黄梅秤锤树的残留居群存在于湖北省与安徽省交界处的龙感湖国家级自然保护区内，野外分布的居群十分稀少，得到了当地政府部门的高度重视，但是物种有效居群偏小，因此需要开展迁地保护工作，包括构建种子库和利用营养体繁殖保存关键基因型。黄梅秤锤树残存居群在10m范围内存在显著的空间遗传结构，因此迁地保护时样本的采集间隔距离应在10m以上，尽可能涵盖居群高的遗传多样性，还应尽可能扩大迁地保护种群的规模，增大迁地保护的个体数量，开展长期监测和适应性评价，提高迁地保护效率，促进极小种群野生植物的物种保护和种群维持。此外，要避免黄梅秤锤树物种迁地保护种群出现气候适应性差的问题。任何一个居群遗传变异的丧失都会对物种整体遗传变异造成损失，因此当实施迁地保护计划时需考虑分布区内的所有居群。

通过引种繁殖扩大的人工种群，并不能完全代替野生生境中处于自然进化历程某一阶段的自然种群，种群生态位也不同。在长期栽培状态下，人工扩大的种群会丧失野生状态下的遗传特性。因此，要成功保护珍稀濒危黄梅秤锤树，仅保存在植物园是不够的，必须将人工繁殖的种群移栽到原有生境中，让其归化自然，恢复为野生状态。武汉植物园迁地居群的18棵秤锤树单株中，仅发现9种多位点基因型，表明可能存在扦插或嫁接等克隆繁殖现象。秤锤树的迁地保护居群中，固定指数 F_{IS} 均为负值，表明迁地保护居群内由繁殖居群太小、不同等位基因个体非同型交配、无性繁殖等造成了杂合子过量。由于迁地环境与原生生境的差异，秤锤树为了适应新的环境，在自然选择作用下选择了适应能力较强的杂合体，从而表现为超显性，因此造成了杂合子过量。秤锤树迁地保护居群保存了较高的遗传变异，各居群可能源于有限个体的繁殖后代，且均未实现自然更新，因此目前保存的是"活着的死植物"。

秤锤树和狭果秤锤树原本是分布区域内不相重叠的两个物种，二者因地理隔离、物候期、生活习性、环境或生态小生境的不同而隔离开来，种间杂交似乎不可能。迁地保护到武汉植物园后，秤锤树和狭果秤锤树在自然状态下的花期在四月份出现 14～20 天的重叠，且传粉昆虫相同，因栽种位置临近存在着潜在的种间杂交和基因渐渗风险。在盛花前期和后期，花朵比较稀疏，昆虫的平均访花频率较低，因此花粉长距离的传播可能更大，导致种间出现较大的花粉流。武汉植物园中迁地保护的秤锤树和狭果秤锤树，花特征相似，且昆虫收集花粉的身体部位相同，故不存在花隔离障碍。

在迁地保护环境中，若将濒危物种用于回归引种或恢复，需避免种间杂交，尽量减少遗传完整性的丧失和种间基因渐渗。如果同属的两种植物之间花期重叠且传粉昆虫相同，在迁地保护中要考虑空间隔离，从而避免种间杂交。如果濒危物种的种子将要用于物种恢复和植物园间种子交流时，应该采用严格的人工授粉方式加以控制，以便获得比较纯正的种子。植物园在专类园建设时，近缘种定植在同一个配置区时需防范杂交风险，从而保证物种的遗传完整性。各迁地保护单位在进行濒危植物的种子交流时必须详细记录来源，同园栽培近缘种时必须通过人工杂交获得种子，以便保证种子的纯正性。中国大部分植物园面积有限，越来越多的濒危植物被引种到植物园，因此，回归引种是长期保护的必经之路。在回归引种时，种源的选择应尽可能从多棵树上采种，以维持回归居群的遗传多样性。

第四节

黄梅秤锤树的就地保护

武汉植物园研究院江明喜老师说："野外才是黄梅秤锤树最好的归宿。"就地保护是濒危物种优先考虑的保护措施，可以防止稀有基因型的丢失，避免该属植物遗传变异的流失。当务之急是要保护黄梅秤锤树现存的栖息地，禁止砍伐。然而，黄梅秤锤树野生种质资源目前仅分布在黄梅龙感湖国家级自然保护区海拔 30m 的农田附近，居群大小 200 株，大部分植株为砍伐后的萌蘖株，能开花结果的仅有 90 多株。该地区是以保护鸟类为主的龙感湖国家级自然保护区，植物叶片上覆盖了大量鸟粪，抑制了植物的生长，对植物的更新影响显著。因此，在就地保护黄梅秤锤树时，需对生境进行综合评价和系统施策。

一、高层设计

1988 年，龙感湖县级自然保护区成立。2000 年 2 月，龙感湖市级自然保护区成立。2002 年 2 月，龙感湖省级自然保护区成立。2009 年 9 月 18 日，经国务院批准，龙感湖国家级自然保护区成立。2010 年 7 月，湖北省机构编制委员会批准设立湖北龙感湖国家级自然保护区管理局。2012 年 3 月，湖北龙感湖国家级自然保护区管理局正式挂牌成立。2017 年 6 月，黄冈市机构编制委员会发文，将湖北龙感湖国家级自然保护区管理局明确由黄冈市人民政府管理，为市林业局所属公益一类事业单位，同时进行机构改革。当地政府部门通过法律法规加大保护力度。2020 年 12 月 29 日，在湖北省极小种群野生植物保护工作现场会上，省林业局副局长黄德华正式提出成立黄梅秤锤树研究中心（图 7-3）。

图 7-3　2020 年湖北省极小种群野生植物保护工作现场会

龙感湖国家级自然保护区管理局深入贯彻落实习近平生态文明思想和野生动植物保护工作要求，坚持以项目为依托，在保护中发展、在发展中保护。2024年6月29日上午，黄梅县野生动植物保护协会成立大会暨第一届一次会员会议在黄梅县自然资源和规划局召开，黄冈市林业局、黄冈市野生动植物保护协会、湖北龙感湖国家级自然保护区管理局、县民政局、县自然资源和规划局有关同志以及黄梅县热衷于从事保护野生动植物事业的各界爱心人士与会，商讨如何践行"绿水青山就是金山银山"理念，多措并举强化生物多样性保护，进一步改善生态环境。该会议旨在更好地保护中国植物学家第一个发现并命名的物种家族中最年轻的成员——黄梅秤锤树的原生群落。新成立的黄梅县野生动植物保护协会对于维护生态平衡、改善自然环境、促进人与自然的和谐、保持生物多样性、促进经济社会全面持续协调发展有着很重要的意义。

　　为有效保护和利用黄梅秤锤树这一极小种群物种，拓展保护空间，并合理利用保护成果，助力美丽乡村建设，龙感湖国家级自然保护区管理局和黄梅县下新镇钱林村一起共同建设了黄梅秤锤树保护示范园（图7-4～图7-6）。

　　该园以秤锤树保护作为核心主题，以野生植物科普宣传为重点，引进包含黄梅秤锤树在内的秤锤树属全部6个树种，以及长果安息香物种，并建设了宣传长廊及系列科普宣传牌、观景台、休息亭、紫藤长廊、栈道、园路等设

图7-4　黄梅秤锤树保护示范园规划图

图 7-5　黄梅秤锤树保护示范园亲水栈道

图 7-6　黄梅秤锤树保护示范园环园便道

施。园区通过讲述黄梅秤锤树和千年紫藤三世情缘的神话传说，以爱情为主线把整个园区设施串联在一起，让前来参观的人们在接受科普教育的同时，也能满怀对美好爱情的向往。园区总规划面积为 64000m²，其中原始保护林面积 20000m²，新建秤锤树展示园 20000m²，总投资约 1000 万元，是一个集植物保护、科普宣传和合理利用为一体的生态文明教育园区。

龙感湖国家级自然保护区和黄梅县地方政府牢固树立了"一盘棋，一条心，一股劲"的思想，坚持局地"共建共管"，始终保持强烈的使命感、责任感、紧迫感，去一线办公、在一线协调、为一线调动，进行动态跟踪，提供全程服务，共担责任，众志成城，形成合力。双方主体严格遵守法律法规、遵从职业道德，既各司其职又相互沟通，既密切配合又相互监督。在坚守安全、生态、优质、高效底线的同时，克服困难，多点作业，合力打造精品工程、样板工程、盆景工程，以保护黄梅秤锤树基因资源（图 7-7）。

图 7-7　龙感湖国家级自然保护区内黄梅秤锤树挂牌保护（编号以 LGH 开头）

秤锤树保护示范园项目是龙感湖国家级自然保护区实施生物多样性和野生动植物保护方面的重点项目、样板工程，计划总投资 1000 万元，该项目通过就地保护和迁地保护相结合的方式，引进全品种秤锤树，打造全品种秤锤树种质资源圃，建成以秤锤树为主题的保护示范园。项目团队确定有意义的优先保护单元，制定能保护黄梅秤锤树生物多样性和进化潜力的计划。项目建成后，成功突破了黄梅秤锤树保护工作的瓶颈，也促进了保护区生物多样性事业的发展，更为全国秤锤树品种保留了基因资源。秤锤树保护示范园项目改变了传统保护方式，增加了文旅产业的元素，注入了环境改造的内容，助力了乡村振兴，响应了"在发展中保护，在保护中发展"的现代保护理念，影响深远。

秤锤树保护示范园的建设是切实践行习近平生态文明思想，坚持美好环境与幸福生活共同缔造的一个生动实践。龙感湖国家级自然保护区管理局依托黄梅秤锤树这一特色优势，挖掘其保护和利用价值，和下新镇钱林村共同投资，共抓保护，共推乡村振兴，双向奔赴，相互成就。龙感湖国家级自然保护区管理局着力于黄梅秤锤树这一极小种群的保护，重点保护原始生态林，建设苗木繁育基地，实现黄梅秤锤树的近地和迁地保护，引进秤锤树属其他树种，打造种质资源圃，并进行科普宣传，挖掘黄梅秤锤树的文化价值，提升人们保护野生动植物的意识。下新镇钱林村着力于村庄环境改造，建设村庄道路、休闲步道、休憩亭、停车场等，对村庄进行绿化亮化工程。龙感湖国家级自然保护区管理局与下新镇钱林村相互配合，实现共建共管共治，共同推进生态保护和乡村振兴，不断提升群众获得感和幸福感（图7-8）。

图 7-8　黄梅秤锤树保护示范园管理条例

二、加大科学研究

制定合理的保育、回归引种、居群复壮策略，需要充分了解遗传多样性基础和遗传变异水平。黄梅秤锤树残存居群维持了较高遗传多样性，但是居群内杂合子缺失，且幼苗、幼树、成树3个年龄阶段呈现出显著的空间遗传结构，即居群可能出现近交衰退风险。长期近交产生积累效应，会威胁黄梅秤锤树的生存。在就地保护过程中需要人为促进基因流和加强幼苗管理，以降低近交风险。收集和保存黄梅秤锤树植物种子，将不同来源的秤锤树植株迁到一起，增加不同群体间的基因交流，丰富遗传多样性，增强秤锤树对环境的适应能力（图 7-9 ～图 7-11）。

图 7-9　黄梅秤锤树保护示范园种质调查

图 7-10　黄梅秤锤树原生地样地调查

种群中，频率比较低的等位基因容易丢失，为了维持高的遗传多样性，必须保护小概率的等位基因。一个等位基因一旦固定，便容易出现不可逆的纯合现象，生物适应性下降，将不利于对其保护。因此，需要进一步了解濒危机制，以更好地实施保护措施。开展秤锤属与长果安息香属植物的种群生态学和繁殖生态学研究，减缓濒危速度，辅助人工繁育措施，采用扦插繁殖、种子繁殖、组织培养等技术培育新苗，促进种群的更新复壮。用父系分析方法来检测

图 7-11　黄梅秤锤树表型性状调查

由花粉或种子引起的基因流动，以方便全面详细阐述由居群片段化引起的秤锤树居群遗传学背景。黄梅秤锤树的种皮厚，可以加大人工调控的研究。

进入 21 世纪，科研人员开展了秤锤树种子中发芽抑制物的研究，攻克了秤锤树种子繁殖的难题，建立了种子繁殖技术，完成了秤锤树的极小种群拯救。同时对南京幕府山、老山等地现存的秤锤树野生居群开展跟踪调查监测，建立了秤锤树扦插、组织培养等无性繁殖技术体系。近年来还深入开展秤锤树综合保护研究，在宝华山等地开展了野外回归工作，还将围绕秤锤树的抗逆抗病基因挖掘、生物地理学和进化生物学等领域开展深入研究。未来，进一步采取回归引种等方式扩大秤锤树野生种群，以此建立珍稀濒危野生种群动态监测、迁地保护 - 繁育 - 回归 - 种群恢复等保护模式，同时扩大秤锤树属种质资源收集保存，建立国际领先的种质资源库，这具有重大意义。

黄梅秤锤树繁育基地总面积约 5 亩，是黄梅秤锤树苗木繁育、近地保护的主要场所，包括苗床、苗圃和片林三个区域。繁育基地始建于 2017 年，当年 5 月进行嫩枝扦插 2000 株，经过精心管理，3 周后陆续生根，最终成活率达 75%，随后在 9 月进行硬枝扦插 1000 株试验，成活率达到 18%。接着在 2018 年和 2020 年都进行了嫩枝扦插，共繁育扦插苗木 4000 多株。2021 年春季，扦插繁育的苗木长成的大树下自然实生苗萌发，标志着黄梅秤锤树的扦插育苗完成了其自然更新的过程。

与此同时，在 2017 年 10 月进行种子播种试验，在 2019 年、2020 年和 2021 年春季陆续有幼苗萌发，总出苗率达 24.5%。在 2019 年和 2021 年又进行了种子播种，通过种子育苗已有 2000 余株。2023 年，种子播种繁育的苗木首次坐果，标志着黄梅秤锤树的繁育完成了从种子到种子的完整生活史。到目前为止，已有部分繁育的苗木开花结果。繁育基地的苗木也移植到了龙感湖国家级自然保护区的湿地科普馆、管理站及乡村道路边等多个地方，同时也被中国科学院武汉植物园、湖北九宫山保护区、黄冈市林科所以及浙江省林科院等引种，实现了黄梅秤锤树的"开枝散叶"。

开展形态解剖学研究和物候观测，进一步了解其致濒危原因；通过生理生态性状研究其在气候变化情景下的适应性；基于繁殖生物学研究探讨种子萌发和快速繁殖技术；开展叶花果的植物化学成分分析，为开发功能食品或药物服务；开展生态系统尺度下的种群恢复研究，为野外回归服务；开展基因发掘与基因编辑研究，服务新品种选育；开展全球变化生物学和保护生物学研究，为该种的综合保育服务。在研究的基础上，采取就地保护、迁地保护、野外回归和商品生产等综合措施，最终实现这个物种脱离极小种群状态。

三、建立廊道和人工造林

生境中天然屏障阻碍了秤锤树属的迁移，影响了种群分布范围。因此，可以适当建立廊道，廊道能很好地帮助生物进行迁徙，将孤立的斑块连接起来，从而减少生境破碎化对物种分布造成的负面效应。除了减少负面干扰，还可适当进行人为管理，以更好地保存黄梅秤锤树野生植物资源，为秤锤树属植物的野外回归奠定基础。选择适宜地段，营造混交林或小片纯林。目前，黄梅县苦竹乡牛牧村香樟园内建设了 50 亩的黄梅秤锤树人工林，栽培了 2000 多株 8 年龄的黄梅秤锤树苗木，这些苗木长势较好。人工林中还间隙种植了罗田玉兰和栓皮栎。应对自然居群的生境进行适当干预，如除草、清除外来物种、保护伴生植物等，营造有利于种群自然再生的环境条件。

秤锤园面积约 30 亩，是黄梅秤锤树保护示范园"两园两谷"的核心部分。秤锤园位于黄梅县下新镇钱林村六组，之前是一个杂木丛生的小山坡，山坡顶部是一个废弃的稻场。改造后的秤锤园保留了原有的乡土树种，增加了一些绿化树木和花草，特别是从江西、浙江、江苏、四川、湖南等地引进的秤锤树属植物和长果安息香属植物，所以秤锤园既是一个园林绿化公园，也是一个秤锤树属植物的展示园，同时也是大众化植物的科普园。园内设有多处科普宣传栏、宣传牌，也设有林间栈道、观景台等设施。漫步樱花栈道，可尽情欣赏各种植物的千姿百态，在景观台上可将大源湖的风光一览无遗。秤锤园是一个集植物保护、科普宣传和观赏休闲为一体的生态文明教育园区（图7-12）。

图 7-12　龙感湖国家级自然保护区内黄梅秤锤树保护园

四、宣传普法教育

近些年来，政府部门已经做了大量工作，先后颁布了《中华人民共和国环境保护法》《中华人民共和国森林法》《中华人民共和国草原法》《野生药材资源保护管理条例》《中国自然保护纲要》等法律法规，推动了我国自然保护工作的制度化、法律化进程，并对乱砍滥伐等破坏行为进行了有效限制。1999 年由国家林业局、农业农村部发布实施的《重点保护野生植物名录》增进了广大群众对野生植物保护的了解，使监督管理有据可依。然而，我国有关濒危植物的保护和利用方面的法规还不完善，迄今尚未出台一部专门的濒危植物保护法规，部分法律缺乏实施细则等配套文件，有待于进一步完善，以实现野生生物资源管理的全面法治化。黄梅秤锤树作为国家二级濒危物种，其濒危境地不容忽视，在保护濒危植物方面，除了完善法律法规，还应广泛开展宣传工作，引起人们的足够重视，在宣传工作中要强调保护珍稀濒危植物的重要性和必要性，加强法律手段严厉打击破坏行为。

加强宣传，提高当地居民对保护濒危物种和极小种群的法律意识，使"野生动植物是人类的朋友，是大自然留给人类的宝贵财富，是自然生态系统的重要组成部分，更是人类社会必不可少的资源"等理念深入人心，提高整体素质，从思想上根除危害濒危物种的根源。充分发挥湖北龙感湖国家级自然保护区管理局、黄梅县自然资源和规划局、黄梅县野生动植物保护协会的桥梁纽带、宣传发动和服务保障作用，积极创造条件，创新工作载体，广泛组织开展丰富多彩的公益活动，坚决与各类破坏野生动植物的违法犯罪行为作斗争，推动人与自然和谐共生，全面促进黄梅县极小种群植物保护事业迈上新台阶（图7-13～图7-16）。

图 7-13　黄梅秤锤树保护示范园的美丽墙画

图 7-14　黄梅秤锤树保护示范园的宣传廊道

图 7-15　龙感湖小学宣传教育

图 7-16　龙感湖国家级自然保护区内黄梅秤锤树植物园

黄梅秤锤树种群的回归重建

　　迁地保护有种群规模、遗传变异、驯化问题等诸多局限性，因此应该从保护生物学长远角度考虑选择和改造黄梅秤锤树野生种群地的生态环境。选择足够大的遗传多样性群体作为回归引种单元，把迁地保护的人工繁殖体或栽植的种苗构建成新的稳定发展的种群，重新放回到自然和半自然的生态系统或其他适合它们生存的野外环境中，使其最终成为或强化为可长期成活的、自行维持下去的种群。做好回归引种与种群重建的系统性工程，实现可持续保护。回归重建是连接就地保护和迁地保护的桥梁，是生态保护的重要组成部分。

　　濒危物种制定种群回归策略，首先要确立保护单元，并查明物种当前的遗传学状况，包括遗传多样性水平、居群分化程度等，探讨物种或种群之间的遗传变异。在回归引种中，通常要对整个植物群落与生境进行恢复和重建，从而保护植物多样性和受威胁的物种。回归引种与种群重建比较关注种群的变异与一致性、物种的进化遗传、种子库在生态恢复中的作用、种群的生物学特性、种群动态、最小种群、种群的稳定性，因此常从物种当地采种用于生态恢复。濒危物种的迁地保护与种群的回归重建是一项系统性工程，需要在充分了解物种濒危机理和生长发育特性的基础上，运用生态学原理和生物技术，恢复与重建适于物种种群生存的生态环境和生物群落，因此，这一过程需要综合应用保护生物学和恢复生态学的知识和方法。

　　濒危物种在原有生境的回归是生物多样性保护的重要方法。近年来，国际上已有不少研究机构从事这个新领域的研究，并且产生了许多动物和植物回归成功的实例。我国政府部门和研究机构也在珙桐、华盖木、德保苏铁、黄山花楸等许多珍稀濒危物种的回归保护中进行了积极探索。为指导植物园植物回归工作，国际植物园保护联盟在1991年和1992年通过数次国际研讨会，编辑了《植物园的植物回归手册》，并于1995年正式出版。1998年，世界自然保护联盟物种生存委员会（IUCN-SSC）编印了《物种回归指南》，为濒危植物的回归提供了很好的指导方法。南京林业大学沈永宝老师课题组经过调查，对遗传距离进行比较分析，确定了秤锤树基本单元，提出秤锤树种群的人工重建策略，为黄梅秤锤树的野外回归重建提供了参考。

一、野外回归分类

根据自然生境中是否分布有要回归的植物，回归可分为以下三类：增强回归、重建回归和引种回归。增强回归是为了增大生境中现有的种群规模，如某生境中有某种植物的少数植株，为增强该物种在群落中的群体作用，通过回归增加其种群数量。重建回归是指回归的种类在原生境中有分布，但现已消失，目的是通过种群的释放与管理，扩大物种分布范围。引种回归是将物种引入合适生境，引入前并不明确该生境原本是否存在该物种。

二、回归重建的目标

在自然生态环境中，一个较稳定的植物群落不易接受新的物种，哪怕是原来属于该群落的物种。濒危植物濒危的主要原因在于其演化过程中存在着某些脆弱环节不适应人类的干扰和生态的变迁。人工长期迁地栽培的植物，往往失去适应耐受力，尤其是繁殖和自我防卫中的能力受到了一些影响。因此，将濒危植物在原有生境中重建有一定的困难。

三、野外回归的方案选择与布局

恢复地点的选择与布局是濒危物种种群恢复与重建的基础。在进行种群野外重建地的选择与布局时，应充分考虑各种对种群重建有影响的因素，包括生境地的类型与景观格局、种群重建地生境与原生境地植物群落组成的差异性、重建地物理条件与原生境地的差异及种群对新环境的适应性、恢复点的人口与土地的利用状况、恢复地的土壤化学状况等。为了保证濒危植物重建种群的正常生长、发育，在生境中能自我维持，最好选择原生态系统，或选择与之相似的群落或生境。

濒危物种对生态环境的退化十分敏感，在决定种群的存活上，周围景观的复合性比景观内部特征和种群基因特征发挥更大的作用。生境的破坏导致生态系统的退化，造成生物多样性丧失，严重影响着重建种群的定居，应对新的生境地进行适当改造，营造出适宜的种群生长环境。种群重建的长期目标是移栽种群能与周围物种共同形成和谐稳定的群落，维持重建地生境的生物多样性，保持生态系统的平衡。为减少当地物种在初期对引入的秤锤树种苗定居的干扰，促进种苗生长，在移栽地应进行合理清理，以控制与秤锤树生态位相近的一些物种的生长。将黄梅秤锤树重新回归到原野生群落生长地和附近适宜的生长地，对其生态环境的适宜性进行分析，优化生态环境，增强原有生态群落的稳定性，使黄梅秤锤树能够实现自我维持，正常繁殖后代或是促进群落更新。

应尽可能多地从不同自然种群以及同一居群的不同位置采集种苗来构建种群，保持回归的黄梅秤锤树有较高的遗传多样性，最大程度防止近交引起的种群退化。研究发现，黄梅秤锤树花粉活力和柱头可授期之间有一定的重叠期，自然情况下在外界昆虫和风媒的作用下，不可避免地产生同株同花和同株异花传粉，其繁育类型以异交为主，部分自交亲和，因此必须重视回归引种的材料选择。种子采集应采用多基因采集法，保证回归重建中种子繁殖树种的基因丰富度。

种群的年龄结构关系到种群的稳定性，重建种群的最理想年龄结构应该是自然种群中稳定性强的种群年龄结构。考虑到新建种群需要一种向外扩张的能力，选择一种具有较强活力的种群年龄结构是十分必要的。黄梅秤锤树植株在3年以内一般不开花结果，但随着其生长年代的增长，一般生长在阳光充足、生境良好的植株会枝繁叶茂，开花结实率也显著提高。为了提高迁移植株的成活率并保持其扩张能力，重建种群的植株年龄应以4～10年为主。

四、种群重建回归后的管理

濒危物种的回归是一件长期而艰巨的事情。黄梅秤锤树种群重建后还应当注意后期管理，提高重建种群的竞争力，包括必要的遮阴、灌溉、松土、病虫害防治和对一定范围内的其他物种进行清除或控制（如杂草、入侵群落的先锋树种等）工作，以促进其生长和提高其竞争能力；在重建区域种群的补植和增援方面，当回归种群中有死亡个体时，必须及时补植。对于一些在自然条件下繁殖能力下降的种类，或者对于那些繁殖能力没有下降，但幼苗更新受阻的种类，必须在第一批种群回归后若干年里，适当增援新的人工繁殖体，以让其在群落中建立起较合理的种群结构，增强自我维持的能力。

种群重建回归后需进行监测，以评估种群重建的最终效果并为管理措施的改进提供指导。初期监测指标包括个体存活数、植株枝条数量、开花率、结实率、幼苗数、株高、基径等。长期监测指标包括周围植物种类进入种群新建地的数量及其生长状况、初期群落结构与组成的变化、土壤化学性质变化、土壤动物与土壤微生物种类与数量变化等。对于濒危植物，监测要持续至重建种群达到正常繁殖年龄。黄梅秤锤树的监测内容需根据回归目标即自然生态系统和回归物种两个方面制定，监测频度可设定为后期管理期间每1～2年一次，之后可调整为每5年一次。

五、种群重建效果评价

种群重建效果评价应以是否达到回归目标为标准，并以记录和监测的结果为主要依据。具体包括：①产生种子和对生境无害。黄梅秤锤树应能在回归重建的自然生境中正常生长、发育，产生有生命力的种子，且它们对群落的其他物种不会造成伤害。因而对其评价必须在它们达到繁殖年龄时进行。②自我维持和与其他物种的协调。黄梅秤锤树的自我维持系指它们在重建的生境中具有一定数量的更新种群，并能与群落中其他物种协调，增加群落的物多样性。其评价要在回归物种具有更新种群时进行，需要借助物种多样性的测度。③保持性与参与群落的生态过程。保持性是看回归后秤锤树的种群是否具有足够大的规模来维持其遗传多样性，以及种群结构是否合理，同时也能参与群落的生态系统过程，有利于群落稳定性的提高。其评价要在种群重建后的较长时间进行，需要借助遗传多样性的测定方法、物种多样性的测度方法和必要的环境观测资料等。

参考文献

[1] 曹昆. 秤锤树组织培养及其内生菌的分离鉴定 [D]. 南京：南京农业大学，2009.

[2] 曹昆，李霞. 不同激素种类和配比对秤锤树愈伤组织诱导的影响研究 [J]. 安徽农业科学，2009, 37(32): 15694-15696+15806.

[3] 陈良芳. 1400 余株怀化秤锤树首次回归原生地 [J]. 林业与生态，2023 (4): 48.

[4] 陈景芸，蔡平，郑丽屏，等. 秤锤树组织培养外植体的选择及消毒处理 [C]// 中国园艺学会观赏园艺专业委员会，国家花卉工程技术研究中心. 中国观赏园艺研究进展（2010）. 苏州：苏州大学建筑与城市环境学院园艺，苏州市金庭镇农林服务中心，2010: 4.

[5] 陈品良，贺善安，金炜. 杜仲、秤锤树花粉的超低温贮藏研究 [J]. 植物学报：英文版，1990 (4): 288-291.

[6] 陈涛. 中国安息香科一新属——长果安息香属 [J]. 广西植物，1995(4): 292+289-292.

[7] 陈涛，陈忠毅. 安息香科植物地理分布研究 [J]. 植物研究，1996(1): 59-68.

[8] 陈卫连. 南京幕府山秤锤树种群人工重建策略研究 [D]. 南京：南京林业大学，2010.

[9] 戴晓港. 秤锤树种子物质代谢与休眠解除关系研究 [D]. 南京：南京林业大学，2009.

[10] 丁晖，方炎明，杨青，等. 武夷山中亚热带常绿阔叶林样地的群落特征 [J]. 生物多样性，2015, 23(4): 14.

[11] 董鹏，彭智奇，朱弘，等. 南京老山秤锤树空间分布格局及种间关联性 [J]. 广西植物，2022, 42(2): 247-256.

[12] 方庆，谭菊荣，许惠春，等. 珍稀濒危植物细果秤锤树群落物种组成与生态位分析 [J]. 浙江农林大学学报，2022, 39(5): 931-939.

[13] 范晶，罗永富，黄明远，等. 四川濒危肉果秤锤树 rDNA-ITS 分子鉴定、种子形态学及繁育分析 [J]. 基因组学与应用生物学，2015, 34(11): 2483-2491.

[14] 伏秦超，杨浩，唐燕翔，等. 肉果秤锤树花粉活力测定及柱头可授性分析 [J]. 分子植物育种，2023, 21(22): 7518-7523.

[15] 伏秦超，张西玉，吴三林，等. 肉果秤锤树染色体核型分析 [J]. 乐山师范学院学报，2011, 26(12): 23-24.

[16] 伏秦超，刘超，王颖，等. 肉果秤锤树核果甲醇提取液发芽抑制物质研究 [J]. 北方园艺，2015 (2): 6-9.

[17] 伏秦超，王娟，张西玉，等. 肉果秤锤树花粉活力测定方法 [J]. 分子植物育种，2015, 13(5): 1146-1150.

[18] 付美云，李有清，胡春梅，等. 秤锤树扦插繁殖技术研究进展 [J]. 湖南生态科学学报，2020, 7(4): 43-46.

[19] 季鑫，佘海平，陈良芳，等. 怀化秤锤树群落结构特征分析 [J]. 湖南林业科技，2024, 51(2): 70-75.

[20] 江全，郑旭，张康，等. 秤锤树的种实基本性状与种子休眠机理研究 [J]. 西南林业大学学报（自然科学版），2021, 41(2): 145-150.

[21] 甘玉英，严培海. 秤锤树引种及扦插繁育技术 [J]. 现代农业科技，2006(10): 51-52.

[22] 高锦伟. 江西秤锤树花果主要形态变异及其遗传多样性分析 [D]. 广州：广州大学，2016.

[23] 高莉，高盼，李世升，等. 基于 ISSR 标记的黄梅秤锤树种质资源遗传多样性分析 [J]. 分子

植物育种，2018, 16(18): 6017-6022.

[24] 宫庆华，蒋泽平，窦全琴，等. 秤锤树全光雾嫩枝扦插技术研究 [J]. 江苏林业科技，2008(1): 15-17+20.

[25] 顾永华，杨军，何云，等. 秤锤树扦插繁殖技术 [J]. 林业科技开发，2007 (1): 34-36.

[26] 郭雪莹，靳晓东，田雨浓，等. 濒危植物狭果秤锤树枝叶化学成分的研究 [C]// 中国植物学会. 中国植物学会八十五周年学术年会论文摘要汇编（1993—2018）. 广州：广州大学，2018: 1.

[27] 胡长贵. 细果秤锤树调查初报 [J]. 安徽林业科技，2018, 44(5): 54-55.

[28] 黄成名，李方俊，苏彩晴，等. 湖北省秤锤树保护性引种试验 [J]. 甘肃林业科技，2020, 45(2): 5-6+27.

[29] 黄成名，苏彩晴，张海玲，等. 秤锤树嫩枝扦插繁殖研究 [J]. 湖北林业科技，2017, 46(5): 21-22.

[30] 黄成名，苏彩晴，郑莉，等. 秤锤树播种育苗繁殖技术 [J]. 甘肃林业科技，2017, 42(2): 34-36.

[31] 黄成名，宋正江，李方俊，等. 秤锤树引种栽培与应用研究 [Z]. 湖北：三峡植物园，2018-09-28.

[32] 黄致远，宗世贤，朱小毅. 秤锤树生态地理分布、生物学特性与繁殖的初步研究 [J]. 江苏林业科技，1998 (2): 16-19.

[33] 贾书果. 秤锤树种实发育的生理特性与种子休眠机理的研究 [D]. 南京：南京林业大学，2008.

[34] 贾书果，沈永宝，吴薇. 秤锤树种子甲醇浸提液的生物测定 [J]. 林业科技开发，2010, 24(1): 104-107.

[35] 贾书果，沈永宝. 秤锤树的研究进展 [J]. 江苏林业科技，2007 (6): 41-45.

[36] 贾书果，沈永宝. 秤锤树种子休眠机理研究初报 [C]// 中国园艺学会观赏园艺专业委员会，国家花卉工程技术研究中心. 2007 年中国园艺学会观赏园艺专业委员会年会论文集. 南京：南京林业大学森林资源与环境学院，南京林业大学森林资源与环境学院，2007: 5.

[37] 贾书果，吴薇，于晓萍，等. 秤锤树硬枝扦插繁育技术研究 [J]. 北方园艺，2012 (5): 91-93.

[38] 蒋泽平，梁珍海，刘根林，等. 秤锤树离体培养和植株再生 [J]. 园艺学报，2005 (3): 537-540.

[39] 孔景，杨国栋，季芯悦，等. 南京老山天然秤锤树种群动态和空间分布格局 [J]. 中国野生植物资源，2021, 40(10): 100-108.

[40] 李婧婧，黄俊华. 秤锤树属叶片蜡质层中正构烷烃的季节性变化 [C]// 中国古生物学会（Palaeontological Society of China）. 中国古生物学会第十次全国会员代表大会暨第 25 届学术年会——纪念中国古生物学会成立 80 周年论文摘要集. 武汉：中国地质大学生物地质与环境地质教育部重点实验室，中国地质大学地质过程与矿产资源国家重点实验室，2009: 2.

[41] 李俊. 秤锤树的特征特性及培育技术 [J]. 安徽农学通报，2014, 20(17): 120-121.

[42] 李林. 南京幕府山植物区系及其野生观赏植物资源应用研究 [D]. 南京：南京林业大学，2004.

[43] 李霞，曹昆，丛伟. 秤锤树叶片内生真菌的分离鉴定及其对植株生长的影响 [J]. 基因组学与应用生物学，2010, 29(1): 75-81.

[44] 梁称福，付美云. 衡阳地区怀化秤锤树苗木繁殖技术 [J]. 湖南农业科学，2019 (2): 73-75.

[45] 刘超，伏秦超，罗正敏，等. 肉果秤锤树核果中萌发抑制物质的初步研究 [J]. 北方园艺，2013 (4): 20-24.

[46] 刘梦婷，魏新增，江明喜. 濒危植物黄梅秤锤树野生与迁地保护种群的果实性状比较 [J]. 植物科学学报，2018, 36(3): 354-361.

[47] 刘素君，周泽斌. 肉果秤锤树叶提取物的抑菌作用研究 [J]. 安徽农业科学，2008 (22): 9599-9600.

[48] 刘素君，周泽斌，唐梅. 反相高效液相色谱法测定肉果秤锤树叶中的熊果酸 [J]. 食品科学，2010, 31(4): 236-238.

[49] 刘召华. 秤锤树属（Sinojackia Hu）植物研究进展 [J]. 江苏农业科学，2017, 45(13): 11-15.

[50] 卢燕林，赵金萍，李建华，等. 秤锤树播种繁殖探讨 [J]. 山西农业科学，2011, 39(9):

969-971.

[51] 芦治国，殷云龙. 江苏乡土安息香科观赏树木资源引种保育及开发利用 [J]. 现代农业科技，2013 (24): 197-199.

[52] 罗利群. 乐山秤锤树——四川秤锤树属（安息香科）一新变种 [J]. 植物研究，2005 (3): 260-261.

[53] 罗利群. 极危树种——肉果秤锤树的生态特性 [J]. 生态学报，2005 (3): 575-580.

[54] 罗利群. 肉果秤锤树——濒临灭绝的新种 [J]. 植物杂志，2000 (5): 1-49.

[55] 罗利群，王维德. 濒危植物肉果秤锤树人工繁殖成功 [J]. 植物杂志，2002 (3): 9.

[56] 罗利群. 四川秤锤树属一新种 [J]. 中山大学学报（自然科学版），1992 (4): 78-79.

[57] 罗梦婵，石巧珍，杨俊杰，等. 湖北省珍稀濒危植物黄梅秤锤树种群现状研究 [J]. 安徽农业科学，2016, 44(23): 67-68.

[58] 孟庆法，高红莉，郭春长. 珍稀濒危树种秤锤树种子育苗试验研究 [J]. 河南科学，2015, 33(6): 929-933.

[59] 孟庆法，侯怀恩，李文玲，等. 珍稀濒危树种秤锤树引种驯化与定向培育技术 [Z]. 郑州：科学院地理研究所，2015-06-19.

[60] 阮咏梅，张金菊，姚小洪，等. 黄梅秤锤树孤立居群的遗传多样性及其小尺度空间遗传结构 [J]. 生物多样性，2012, 20(4): 460-469.

[61] 宋雨茹，余潇，赵振宁. 中国特有孑遗植物秤锤树属叶绿体基因组比较分析 ［J/OL］. 分子植物育种，1-25 ［2025-03-10］. http://kns.cnki.net/kcms/detail/46.1068.S.20230901.2050.022.html.

[62] 史锋厚. 秤锤树扦插繁殖技术规程 [Z]. 南京：南京林业大学，2013-12-30.

[63] 史晓华，黎念林，金玲，等. 秤锤树种子休眠与萌发的初步研究 [J]. 浙江林学院学报，1999 (3): 12-17.

[64] 舒金枝. 怀化秤锤树的保护繁育及利用 [J]. 湖南林业科技，2006 (4): 46-47.

[65] 苏小菱，马丹丹，李根有，等. 浙江省珍稀濒危植物细果秤锤树的种群数量监测报告 [J]. 浙江林学院学报，2009, 26(1): 142-144.

[66] 谭菊荣，袁位高，李婷婷，等. 极小种群野生植物细果秤锤树种群结构与动态特征 [J]. 生态学报，2022, 42(9): 3678-3687.

[67] 台昌锐. 珍稀濒危植物细果秤锤树资源现状和繁育系统研究 [D]. 安庆：安庆师范大学，2023.

[68] 台昌锐，赵凯，阳艳芳，等. 珍稀濒危植物细果秤锤树开花生物学特性和繁育系统 [J]. 植物研究，2023, 43(2): 311-320.

[69] 台昌锐，赵凯，吴彦. 极小种群野生植物细果秤锤树地理分布及资源现状 [J]. 贵州工程应用技术学院学报，2022, 40(3): 75-81.

[70] 汤槿，汤榕，陈超. 秤锤树的栽培技术及应用 [J]. 现代园艺，2015(20): 49-50.

[71] 田华，郭保香，程尚严. 湖北黄梅境内发现濒危保护野生植物秤锤树群落 [J]. 湖北林业科技，2005 (1): 11.

[72] 魏泽，薛凯，李敏. 国家重点保护野生植物——秤锤树 [J]. 生命世界，2023 (10): 94-95.

[73] 王恒昌，何子灿，李建强，等. 秤锤树的核型研究及其减数分裂过程的观察 [J]. 武汉植物学研究，2003 (3): 198-202.

[74] 王杰青，何晓飞，蔡平，等. 秤锤树嫩枝扦插繁殖研究 [J]. 江苏农业科学，2011,39(3): 243-244.

[75] 王世彤，吴浩，刘梦婷，等. 极小种群野生植物黄梅秤锤树群落结构与动态 [J]. 生物多样性，2018, 26(7): 749-759.

[76] 王世彤，徐耀粘，杨腾，等. 微生境对黄梅秤锤树野生种群叶片功能性状的影响 [J]. 生物多样性，2020, 28(3): 277-288.

[77] 王世彤，宋帅帅，李杰华，等. 极小种群野生植物黄梅秤锤树的光合生理特性 [J]. 生态学杂志，2024, 43(3): 701-708.

[78] 叶其刚，王诗云，徐惠珠，等. 长果秤锤树保护现状的初步研究 [J]. 生物多样性，1996 (3):

13-16.

[79] 王松. 淹水胁迫对秤锤树生长及生理特性的影响 [D]. 南京：南京林业大学, 2010.

[80] 徐绍清, 马丹丹, 张芬耀, 等. 浙江省安息香科新记录种——秤锤树 [J]. 浙江林业科技, 2022, 42(3): 61-64.

[81] 夏清, 吴雅静, 邵晨, 等. 秤锤树愈伤组织诱导和生长的初步研究 [J]. 中国农学通报, 2014, 30(15): 105-111.

[82] 谢国文, 林芳, 何静欣, 等. 鄱阳湖滨极度濒危植物秤锤树的分布格局及其保护 [C]// 广州市植物抗逆基因功能研究重点实验室. 广州：广州大学, 广州大学生命科学学院, 2011: 5.

[83] 谢国文, 王惟荣, 何静欣, 等. 濒危植物狭果秤锤树所在群落的区系特征 [J]. 广州大学学报（自然科学版）, 2012, 11(4): 18-24.

[84] 徐本美, 冯桂强, 史华, 等. 从秤锤树种子的萌发论酸蚀处理效应 [J]. 种子, 1999 (5): 45-47.

[85] 徐本美, 孙运涛, 郭琛, 等. 植物园秤锤树的现状 [C]// 植物园保护国际（BGCI）, 中国科学院, 湖北省政府, 国家林业局, 武汉市政府. 第三届世界植物园大会论文集. 北京：中国科学院植物研究所植物园, 2007: 6.

[86] 徐本美, 孙运涛, 郭琛, 等. 北京地区秤锤树繁殖和栽培的研究 [J]. 种子, 2008 (7): 19-23.

[87] 徐本美, 孙运涛, 李锐丽, 等. "二年种子" 休眠与萌发的研究 [J]. 林业科学, 2007 (1): 55-61+129.

[88] 徐惠明, 谢国文, 王业磷, 等. 狭果秤锤树种群年龄结构和空间分布格局研究 [J]. 广东农业科学, 2016, 43(8): 51-57.

[89] 徐惠明. 濒危植物狭果秤锤树的生态学初步研究 [D]. 广州：广州大学, 2017.

[90] 徐丽萍, 胡文杰, 喻方圆, 等. 秤锤树硬枝插穗内过氧化物酶活性研究 [J]. 井冈山学院学报, 2008 (1): 21-22.

[91] 徐丽萍, 上官新晨, 喻方圆. 秤锤树嫩枝扦插过程中营养物质含量的变化 [J]. 江西农业大学学报, 2012, 34(1): 50-53.

[92] 徐丽萍, 上官新晨, 喻方圆. 秤锤树嫩枝扦插过程中几种酶活性变化研究 [J]. 江西农业大学学报, 2009, 31(2): 274-277.

[93] 徐丽萍, 喻方圆, 上官新晨. 扦插过程中秤锤树插穗内激素含量的变化 [J]. 林业科技开发, 2012, 26(1): 21-25.

[94] 徐丽萍, 喻方圆, 上官新晨. 秤锤树插穗生根的解剖学观察 [J]. 林业科技开发, 2009, 23(1): 58-60.

[95] 徐丽萍, 喻方圆, 上官新晨. 秤锤树插穗过氧化物酶活性及其同功酶的变化 [J]. 南京林业大学学报（自然科学版）, 2008(4): 143-146.

[96] 袁梦. 不同光照强度下长果秤锤树光合生理特性和转录组分析 [D]. 上海：上海师范大学, 2024.

[97] 阳艳芳, 罗来开, 尹明月, 等. 濒危植物细果秤锤树果实浸提液化感作用 [J]. 安徽农业科学, 2024, 52(4): 93-96+102.

[98] 余姣君, 王红玉, 陈丹格, 等. 黄梅秤锤树叶绿体基因组特征及密码子偏好性分析 [J/OL]. 分子植物育种, 1-12 [2024-09-02]. DOI:10.13271/j.mpb.023.000963.

[99] 杨腾, 王世彤, 魏新增, 等. 中国特有属秤锤树属植物的潜在分布区预测 [J]. 植物科学学报, 2020, 38(5): 627-635.

[100] 颜立红, 方英才, 彭春良. 壶瓶山长果秤锤树调查初报 [J]. 湖南林业科技, 1990 (3): 45-47.

[101] 杨庆锋, 蔡雪珍, 陈涛. 长果安息香属和秤锤树属植物叶片脉序研究 [J]. 广西植物, 1997(2): 50-53+98.

[102] 杨志斌, 陶金川, 黄致远, 等. 中国亚热带稀有濒危植物的迁地保育 [J]. 南京林业大学学报（自然科学版）, 2000(S1): 43-46.

[103] 姚青菊, 盛宁, 任全进, 等. 秤锤树苗木速成培育技术 [J]. 林业科技开发, 2008 (2): 103-104.

[104] 姚青菊, 汪琼, 王贞, 等. 秤锤树种子中发芽抑制物初步研究 [J]. 江苏林业科技, 2008 (5):

24-26.

[105] 姚小洪. 秤锤树属与长果安息香属植物的保育遗传学研究 [D]. 武汉：中国科学院研究生院（武汉植物园），2006.

[106] 姚小洪，叶其刚，康明，等. 秤锤树属与长果安息香属植物的地理分布及其濒危现状 [J]. 生物多样性，2005 (4): 339-346.

[107] 杨国栋，季芯悦，陈林，等. 基于 SOM 的野生秤锤树群落的空间分布和环境解释 [J]. 生物多样性，2018, 26(12): 1268-1276.

[108] 张媛. 观赏秤锤树的修剪技巧及在园林设计中的应用 [J]. 农村实用技术，2020 (5): 191-192.

[109] 张源源，沈凝练，孟祥凤，等. 植此青绿愈林伤 [N]. 南京日报，2023-12-05（A06）. https://link.cnki.net/doi/10.28601/n.cnki.nnjrb.2023.004860.DOI:10.28601/n.cnki.nnjrb.2023.004860.

[110] 周赛霞，高浦新，潘福兴，等. 狭果秤锤树自然种群分布格局 [J]. 浙江农林大学学报，2020, 37(2): 220-227.

[111] 周赛霞，彭焱松，高浦新，等. 濒危植物狭果秤锤树群落内主要树种的空间分布格局和关联性 [J]. 热带亚热带植物学报，2019, 27(4): 349-358.

[112] 张程. 中国安息香科植物种质资源及研究进展 [J]. 江西林业科技，2010 (6): 42-47.

[113] 张程. 湖南安息香科植物资源及园林应用研究 [D]. 长沙：中南林业科技大学，2011.

[114] 张金菊，叶其刚，姚小洪，等. 片段化生境中濒危植物黄梅秤锤树的开花生物学、繁育系统与生殖成功的因素 [J]. 植物生态学报，2008 (4): 743-750.

[115] 张颖. 秤锤树扦插繁殖技术及生根机理的研究 [D]. 南京：南京林业大学，2009.

[116] 张智锦，任正超，陈封政. 肉果秤锤树化学成分的预试及生物碱含量的测定 [J]. 西南农业学报，2011, 24(2): 538-540.

[117] 张仲卿. 安息香科树种在湖南的分布与检索 [J]. 湖南林业科技，1991 (4): 38-41.

[118] 赵辉. 秤锤树播种繁殖技术 [J]. 乡村科技，2012 (10): 21.

[119] 钟泰林. 珍稀濒危植物细果秤锤树保护生物学研究 [D]. 南昌：江西农业大学，2017.

[120] 周赛霞，彭焱松，丁剑敏，等. 珍稀植物狭果秤锤树群落木本植物种间联结性及群落稳定性研究 [J]. 广西植物，2017, 37(4): 442-448.

[121] 周赛霞，彭焱松，高浦新，等. 狭果秤锤树群落结构与更新特征 [J]. 植物资源与环境学报，2019, 28(1): 96-104.

[122] 周泽斌. 肉果秤锤树叶的化学成分研究 [J]. 乐山师范学院学报，2010, 25(5): 40-42.

[123] 祝燕，赵谷风，于明坚，等. 古田山中亚热带常绿阔叶林动态监测样地——群落组成与结构 [J]. 植物生态学报，2008, 32(2): 262-273.

[124] Cai H, Shen Y. Metabolomic and physiological analyses reveal the effects of different storage conditions on *Sinojackia xylocarpa* Hu seeds[J]. Metabolites, 2024, 14(9): 503.

[125] Cao P J, Yao Q F, Ding B Y, et al. Genetic diversity of *Sinojackia dolichocarpa* (Styracaceae), a species endangered and endemic to China, detected by inter-simple sequence repeat (ISSR)[J]. Biochem. Syst. Ecol, 2006, 34(3): 231-239.

[126] Chen P L, He S A, Jin W. Cryopreservation of pollen from *Eucommia ulmoides* Oliv. and *Sinojackia xylocarpa* Hu[J]. J Inter. Plant Biol, 1990, 32(4): 288-291.

[127] Dong H, Wang H, Li Y, et al. The complete chloroplast genome sequence of *Sinojackia huangmeiensis* (Styracaceae) [J]. Mitochondrial DNA B Resour, 2020, 5(1):715-717.

[128] Jian X, Wang Y, Li Q, et al. Plastid phylogenetics, biogeography, and character evolution of the Chinese endemic genus Sinojackia Hu[J]. Diversity, 2024, 16: 305.

[129] Li J, Huang J, Ge J, et al. Chemotaxonomic significance of n-alkane distributions from leaf wax in genus of *Sinojackia* species (Styracaceae) [J]. Biochem. Syst. Ecol, 2013, 49: 30-36.

[130] Li Z H, Zhang B D L, Fan, et al. Seed dormancy and germination of *Sinojackia dolichocarpa*[J]. Hortscience, 2008.

[131] Liu S, Cao M, Li D, et al. Purification and anticancer activity investigation of pentacyclic triterpenoids from the leaves of *Sinojackia sarcocarpa* L.Q. Luo by high-speed counter-current chromatography[J]. Nat. Prod. Res, 2011, 25(17): 1600-1606.

[132] Luo L Q, Luo C. Taxonomic circumscription of *Sinojackia xylocarpa* (Styracaceae) [J].Journal of Systematics and Evolution, 2011, 49(2):163-164.

[133] Wang H C, Meng A P, Chu H J, et al. Floral ontogeny of *Sinojackia xylocarpa* (Styracaceae) with special reference to the development of the androecium[J]. Nord. J. Bot, 2010, 28(3): 371-375.

[134] Wang L L, Zhang Y, Yang Y C, et al. The complete chloroplast genome of *Sinojackia xylocarpa* (ericales: Styracaceae), an endangered plant species endemic to China[J]. Conserv. Genet. Resour, 2018, 10(1): 51-54.

[135] Wang O C, Liu S, Zou J, et al. Anticancer activity of 2α, 3α, 19β, 23β-tetrahydroxyurs-12-en-28-oic acid (THA), a novel triterpenoid isolated from *Sinojackia sarcocarpa*[J]. Plos One, 2011, 6(6): e21130.

[136] Wu Y, Bao W Q, Hu H S Y B. Mechanical constraints in the endosperm and endocarp are major causes of dormancy in *Sinojackia xylocarpa* Hu (Styracaceae) seeds[J]. J. Plant Growth Regul, 2023, 42(2): 644-657.

[137] Xia L, Kun C, Cong W. Isolation and identification of endophyte from leaves of *Sinojackia xylocarpa* and their effect on plant growth[J]. Genomics & Applied Biology, 2010, 29(1): 75-81.

[138] Xu L P, Shangguan X C, Yu F Y. A study on changes of some enzymes in the soft-stem cuttings of *Sinojackia xylocarpa*[J]. Acta Agriculturae Universitatis Jiangxiensis, 2009, 31(2): 274-277.

[139] Yao X, Qigang Y E, Kang M, et al. Characterization of microsatellite markers in the endangered *Sinojackia xylocarpa* (Styracaceae) and cross-species amplification in closely related taxa[J]. Molecular Ecology Resources, 2010, 6(1):133-136.

[140] Yao X H, Ye Q G, Ge J W, et al. A new species of *Sinojackia* (Styracaceae) from Hubei, central China[J]. Novon, 2007, 17(1): 138-140.

[141] Yao X, Ye Q, Fritsch P W, et al. Phylogeny of *sinojackia* (Styracaceae) based on DNA sequence and microsatellite data: implications for taxonomy and conservation[J]. Annals of Botany, 2008, 101(5): 651-659.

[142] Yao X, Zhang J, Ye Q, et al. Fine-scale spatial genetic structure and gene flow in a small, fragmented population of *Sinojackia rehderiana* (Styracaceae), an endangered tree species endemic to China[J]. Plant Biology, 2011, 13(2): 401-410.

[143] Ye Q G, Yao X H, Zhang S J, et al. Potential risk of hybridization in ex situ collections of two endangered species of *Sinojackia* Hu (Styracaceae) [J]. Journal of Integrative Plant Biology, 2006, 48(7): 867-872.

[144] Zhao J, Tong Y, Ge T, et al. Genetic diversity estimation and core collection construction of *Sinojackia huangmeiensis* based on novel microsatellite markers[J]. Biochem. Syst. Ecol, 2016, 64: 74-80.

[145] Zhang J, Ye Q, Yao X, et al. Microsatellite diversity and mating system of *Sinojackia xylocarpa* (Styracaceae), a species extinct in the wild[J]. Biochem. Syst. Ecol, 2010, 38(2): 154-159.

[146] Zhang J, Ye Q, Gao P, et al. Genetic footprints of habitat fragmentation in the extant populations of *Sinojackia* (Styracaceae): implications for conservation[J]. Botanical Journal of the Linnean Society, 2012, 170(2): 232-242.

[147] Zhong T, Zhao G, Lou Y, et al. Genetic diversity analysis of *Sinojackia microcarpa*, a rare tree species endemic in china, based on simple sequence repeat markers[J]. J. Forestry Res, 2019, 30: 847-854.

[148] Zhu S, Wei X F, Lu Y X, et al. The jacktree genome and population genomics provides insights for the mechanisms of the germination obstacle and the conservation of endangered ornamental plants[J]. Hortic Res, 2024, 11(8):uhae166.

后记

    黄梅秤锤树（*Sinojackia huangmeiensis*）是中国特有的珍稀濒危植物，其野生种群数量稀少，分布范围狭窄，生存状况岌岌可危。本书的编写，既是对该物种多年研究成果的系统梳理，亦是对其未来保护工作的展望与呼吁。

    近年来，黄梅秤锤树野生种群正面临栖息地丧失、人为干扰、气候变化等多重威胁，种群数量逐年减少。针对这一现状，湖北龙感湖国家级自然保护区迅速启动了系统的研究与保护计划，并通过分子生物学手段，揭示了其遗传多样性水平，评估了其濒危的遗传学因素。这些基础研究为后续的保护策略制定提供了科学依据。

    保护黄梅秤锤树并非易事。由于其特殊的生态需求，简单的迁地保护或人工扩繁往往难以成功。湖北龙感湖国家级自然保护区管理局尝试了种子萌发试验、扦插繁殖技术，甚至组织培养，但初期失败率极高。经过反复试验，最终摸索出适合其生长的微环境调控方法，使人工繁育取得突破性进展。此外，湖北龙感湖国家级自然保护区管理局与当地林业部门、社区合作，推动建立保护小区，减少人为破坏，并尝试进行生态修复，以扩大其适宜生境。2021 年，首次成功将人工培育的幼苗回归至原生地，标志着保护工作进入新阶段。然而，气候变化引发的降水模式改变、传粉者减少等情况，仍是未来保护工作需应对的巨大挑战。

    本书的出版离不开众多同仁的支持。感谢湖北龙感湖国家级自然保护区管理局、黄冈市科学技术协会的资助，感谢李时珍中医药文化与产业研究中心提供的技术支持，感谢中国科学院武汉植物园、黄冈师范学院等单位的专家，他们的支持和建议使黄梅秤锤树的种群更新和保护研究更加持续、深入。

    黄梅秤锤树的保护任重道远。我们期待本书的出版能引起更多学者、保护工作者和其他公众的关注，推动更广泛的保护行动。未来，计划建立动态监测网络，深入研究其生态适应机制，并探索社区共管模式，以实现该物种的长期存续。

自然界的每一个物种都是不可替代的基因宝库，它们的消失将导致生态系统的不可逆损害。保护黄梅秤锤树，不仅是保护一种植物，更是守护生物多样性的重要一环。愿我们的努力能让这一珍稀物种在未来继续绽放生机。

编者
2025 年 4 月